WTB Wissenschaftliche Taschenbücher

WERNER HABERDITZL
Magnetochemie

A. A. SOKOLOW
Elementarteilchen

HEINZ AHRENS
Varianzanalyse

HANS-JÜRGEN TREDER
Relativität und Kosmos
Raum und Zeit in Physik, Astronomie und Kosmologie

ALBERT EINSTEIN
Grundzüge der Relativitätstheorie

ALBERT EINSTEIN
Über die spezielle und die allgemeine Relativitätstheorie

GÜNTHER LUDWIG
Wellenmechanik. Einführung und Originaltexte

HARRY PAUL
Lasertheorie, Teil I und II

FRANZ RUDOLF KESSLER
Einführung in die physikalischen Grundlagen der Kernenergiegewinnung

D. TER HAAR
Quantentheorie. Einführung und Originaltexte

J. H. SANDERS
Die Lichtgeschwindigkeit. Einführung und Originaltexte

JEAN KUNTZMANN

Unendliche Reihen

Mathematische Hilfsmittel der Physik und Chemie

Mit 94 Übungen und 29 Aufgaben

JEAN KUNTZMANN

Systeme von Differentialgleichungen

Mathematische Hilfsmittel der Physik und Chemie

Mit 88 Übungen und 40 Aufgaben

JEAN KUNTZMANN

Komplexe Veränderliche

Mathematische Hilfsmittel der Physik und Chemie

Mit 90 Übungen und 37 Aufgaben

FERDINAND CAP

Einführung in die Plasmaphysik

I. Theoretische Grundlagen

FERDINAND CAP

Einführung in die Plasmaphysik

II. Wellen und Instabilität

FERDINAND CAP

Einführung in die Plasmaphysik

III. Magnetohydrodynamik

J. A. ROSANOW

Wahrscheinlichkeitstheorie

HARRY PFEIFER

Theorie linearer Bauelemente

Elektronik für den Physiker I

HARRY PFEIFER

Die Elektronenröhre

Elektronik für den Physiker II

HARRY PFEIFER

Schaltungen mit Elektronenröhren

Elektronik für den Physiker III

HARRY PFEIFER
Leitungen und Antennen
Elektronik für den Physiker IV

HARRY PFEIFER
Mikrowellenelektronik
Elektronik für den Physiker V

HARRY PFEIFER
Halbleiterelektronik
Elektronik für den Physiker VI

GERHARD HÜBNER / KLAUS JUNG / ECKART WINKLER
Die Rolle des Wassers in biologischen Systemen

STEPHEN G. BRUSH
Kinetische Theorie Teil I und II
Einführung und Originaltexte

EBERHARD HOFMANN
Eiweiße und Nucleinsäuren als biologische Makromoleküle
Dynamische Biochemie, Teil I

EBERHARD HOFMANN
Enzyme und energieliefernde Stoffwechselreaktionen
Dynamische Biochemie, Teil II

EBERHARD HOFMANN
Intermediärstoffwechsel
Dynamische Biochemie, Teil III

EBERHARD HOFMANN
Grundlagen der Molekularbiologie und Regulation des Zellstoffwechsels
Dynamische Biochemie, Teil IV

HERBERT GOERING
Elementare Methoden zur Lösung von Differentialgleichungsproblemen

PETER KRUMBIEGEL
Isotopieeffekte

D. M. BRINK
Kernkräfte Einführung und Originaltexte

DIETER ONKEN
Steroide
Zur Chemie und Anwendung

HEINZ GEILER
Ökologie der Land- und Süßwassertiere

DIETER KLAUA
Elementare Axiome der Mengenlehre

GÜNTER TEMBROCK
Grundlagen der Tierpsychologie

J. P. VINSON
Optische Kohärenz in der klassischen Theorie und in der Quantentheorie

W. R. HINDMARSH
Atomspektren. Einführung und Originaltexte

GÜNTER TEMBROCK
Biokommunikation
Informationsübertragung im biologischen Bereich
Teil I und II

ADOLF ZSCHUNKE
Kernmagnetische Resonanzspektroskopie in der organischen Chemie

DIETER MERKEL
Riechstoffe

JOHN CUNNINGHAM
Vektoren

GEORG DAUTCOURT
Relativistische Astrophysik

ERNST SCHMUTZER
Symmetrien und Erhaltungssätze der Physik

MICHAEL GÖSSEL
Angewandte Automatentheorie, Band I
Grundbegriffe

MICHAEL GÖSSEL
Angewandte Automatentheorie, Band II
Lineare Automaten und Schieberegister

HEINRICH KINDLER
Der Regelkreis. Eine Einführung

JOACHIM NITSCHMANN
Entwicklung bei Mensch und Tier. Embryologie

WOLFRAM BRAUER / HANS-WALDEMAR STREITWOLF
Theoretische Grundlagen der Halbleiterphysik

DIETRICH BENDER / ERNST-EGON PIPPIG
Einheiten, Maßsysteme, SI

DIETER KLAUA
Grundbegriffe der axiomatischen Mengenlehre, Teil I und II

EBERHARD TEUSCHER
Pharmakognosie
Teil I und II

HANS BANDEMER / ANDREAS BELMANN
WOLFHART JUNG / KLAUS RICHTER
Optimale Versuchsplanung

HARRY PAUL
Nichtlineare Optik, Teil I und II

A. R. KESSEL
Akustische Kernresonanz

E. G. GOLSTEIN
Konvexe Optimierung.

HELMUT FRIEMEL / JOSEF BROCK
Grundlagen der Immunbiologie

R. A. R. TRICKER
Frühe Elektrodynamik

KONRAD KREHER
Festkörperphysik

VOLKER KEMPE
Theorie stochastischer Systeme

N. D. SHEWANDROW
Die Polarisation des Lichtes

HANS-MARTIN BARCHET
Chemie photographischer Prozesse

L. A. SKORNJAKOW
Elemente der Verbandstheorie

SIEGFRIED HAUPTMANN
Über den Ablauf organisch-chemischer Reaktionen

DIETER KLAUA
Kardinal- und Ordinalzahlen, Teil 1 und 2

ROLF BORSDORF / MANFRED SCHOLZ
Spektroskopische Methoden in der organischen Chemie

WOLFGANG PAULI
Vierpoltheorie und ihre Anwendung auf elektrische Schaltungen

R. A. R. TRICKER
Die Beiträge von Faraday und Maxwell zur Elektrodynamik

HANS DAWCZYNSKI
Temperaturbeständige Faserstoffe aus organischen Polymeren

HANS DAWCZYNSKI
Temperaturbeständige Faserstoffe aus anorganischen Polymeren

GERALD WOLF
Neurobiologie

HORST KEHLEN / FRANK KUSCHEL / HORST SACKMANN
Grundlagen der chemischen Kinetik

HANS BERGNER
Tierernährung

ULRICH SEDLAG
Schädlingsbekämpfung

A. S. SONIN / B. A. STRUKOW
Ferroelektrizität

Vorschau auf die nächsten Bände:

MARTIN SCHMIDT
Pflanzenschutz

WTB

BAND 140

A. S. Sonin / B. A. Strukow

Einführung in die Ferroelektrizität

Mit 94 Abbildungen

Springer-Verlag Berlin Heidelberg GmbH

Reihe MATHEMATIK UND PHYSIK

Herausgeber:
Prof. Dr. phil. habil. W. Holzmüller, Leipzig
Prof. Dr. phil. habil. A. Lösche, Leipzig
Prof. Dr. phil. habil. H. Reichardt, Berlin
Prof. Dr. phil. habil. K. Schröder, Berlin
Prof. Dr. phil. habil. K. Schröter, Berlin
Prof. Dr. rer. nat. habil. H.-J. Treder, Potsdam

Übersetzer und Herausgeber der deutschen Ausgabe:
Prof. Dr. G. Schmidt, Halle

Titel der Originalausgabe:
А. С. Сонин/S. А. Струков, Введение в сегнето-
электричество
Verlag Высшая школа, Moskau

ISBN 978-3-663-19869-7 ISBN 978-3-663-20208-0 (eBook)
DOI 10.1007/978-3-663-20208-0

1974

Ursprünglich erschienen bei Akademie - Verlag, 1974
Softcover reprint of the hardcover 1st edition 1974

Lizenznummer: 202 · 100/434/74
Gesamtherstellung: VEB Druckhaus „Maxim Gorki", 74 Altenburg
Bestellnummer: 761 854 5 (7140) · LSV 1174
EVP 12,50

Vorwort zur deutschen Ausgabe

Innerhalb der Festkörper- und Kristallphysik hat in den vergangenen zwei Jahrzehnten die Ferroelektrizität als ein relativ selbständiges Gebiet eine recht umfangreiche Entwicklung erfahren. Das kommt auch in der einschlägigen internationalen Lehrbuchliteratur zum Ausdruck, wo im allgemeinen besondere Kapitel hierfür vorgesehen sind. Allerdings kann man das nicht für den deutschsprachigen Bereich sagen. Hier besteht eine Lücke in dem für Studenten und andere Interessenten angebotenen Lehrmaterial. Als ich daher vor einigen Jahren vom Akademie-Verlag den Auftrag erhielt, eine kleine Einführung in dieses Gebiet für die WTB-Reihe vorzubereiten, habe ich diese Verpflichtung gern übernommen, obwohl ich ihre Ausführung wegen anderer Arbeiten zunächst zurückstellen mußte. In der Zwischenzeit sind nun aber mehrere neue Monographien über das Gebiet der Ferroelektrizität in englischer und russischer Sprach erschienen, von denen die „Einführung in die Ferroelektrizität" von Sonin und Strukow meinen Vorstellungen sehr nahe kommt. Deshalb wäre es schwierig gewesen, bei dem ursprünglichen eigenen Vorhaben noch mit entsprechender Originalität aufwarten zu können. Somit erschien es zweckmäßiger, dem Verlag eine gekürzte und etwas überarbeitete Übersetzung des genannten Buches zu empfehlen.

Diese Einführung in die Ferroelektrizität berücksichtigt in erster Linie die kristallphysikalischen Aspekte. Es werden die wichtigsten Eigenschaften und die Methoden zu ihrer Beschreibung aufgezeigt, so daß ein Zugang zum Verständnis von einschlägigen Originalarbeiten ermöglicht wird. Allerdings mußte dafür darauf verzichtet werden, ausführlicher auf spezielle Ferroelektrika und die Möglichkeit ihrer technischen Anwendung einzugehen. Wer sich hierüber einen Überblick in deutscher Sprache verschaffen will, möge die deutsche Ausgabe des Buches „Ferroelektrika und Antiferroelektrika" von SMOLENSKY und KRAJNIK [10] einsehen.

Bei der Übersetzung und vor allem bei der Überarbeitung einiger Kapitel wurde ich von vielen meiner Mitarbeiter tatkräftig unterstützt.

Ganz besonderen Dank schulde ich den Herren H. ARNDT, Dr. E. CIESLA und Dr. G. SORGE.

GÜNTHER SCHMIDT

Inhaltsverzeichnis

Vorwort

Unter den vielen festen, kristallinen Dielektrika gibt es eine Klasse von Stoffen, die ein von Null verschiedenes elektrisches Moment, eine spontane Polarisation, besitzen, auch wenn kein äußeres elektrisches Feld vorhanden ist. Bei einigen von ihnen ändert sich in einem bestimmten Temperaturbereich unter der Einwirkung eines Feldes die Richtung der spontanen Polarisation. Diese Stoffe bezeichnet man als Ferroelektrika oder — nach dem Namen des zuerst bekannten Vertreters, des Seignettesalzes ($KNaC_4H_4O_6 \cdot 4H_2O$) — als Seignette-elektrika.

Seit der Entdeckung der besonderen dielektrischen Eigenschaften des Seignettesalzes vergingen nur wenig mehr als vierzig Jahre, bis die Ferroelektrizität zu einem großen, selbständigen Gebiet der Festkörperphysik wurde. Eine besondere Entwicklung machte sie in den letzten Jahrzehnten durch, als eine Vielzahl neuer Ferroelektrika entdeckt wurde. Dabei war das Hauptaugenmerk darauf gerichtet, allgemeine Gesetzmäßigkeiten aufzufinden und die Natur der spontanen Polarisation zu ergründen. In derselben Zeit erfolgte ein intensiver Einsatz der Ferroelektrika in der Technik.

All das führte dazu, daß heute die Ausbildung eines Wissenschaftlers auf dem Gebiet der Festkörperphysik ohne ausreichende Bekanntschaft mit der Ferroelektrizität als unvollkommen anzusehen ist. Deshalb werden jetzt hierüber an vielen Hochschulen spezielle Kurse abgehalten, oder man berücksichtigt dieses Gebiet in entsprechendem Maße in Lehrveranstaltungen über die elektrischen Eigenschaften von Kristallen. Das vorliegende Buch stellt einen Versuch dar, für derartige Kurse ein Lehrmittel bereitzustellen. In der russischen Sprache gibt es bereits einige Monographien über die Ferroelektrika. Abgesehen von der für die damalige Zeit ganz ausgezeichneten Monographie von I. V. KURTSCHATOW „Seignetteelektrika“ (1933) sind das vor allem die Übersetzungen zweier völlig verschiedenartiger Bücher, nämlich „Ferroelektrika und Antiferroelektrika“ von W. KÄNZIG (1960) und „Ferroelektrische Kristalle“ von F. JONA und G. SHIRANE (1965). Die erste, nicht sehr umfangreiche Monographie will die Ferroelektrizität als Erscheinung darlegen. Sie gibt dem fortgeschrittenen Leser einen Gesamtüberblick. Allerdings ist sie in einigen Stellen veraltet, da seit dem Erscheinen der amerikanischen Ausgabe schon etwa zehn Jahre vergangen sind. Das zweite Werk geht ausführlich auf die physikalischen Eigenschaften einiger Ferroelektrika ein und stellt ein sehr gutes Nachschlagebuch dar. Als Lehrbuch ist es weniger geeignet, obwohl in ihm ausführlich und mit ansprechendem Niveau auf viele theoretische Fragen eingegangen wird.

Das vorliegende Buch ist inhaltlich dem von KÄNZIG verwandt. Wir bemühen uns, den Leser schrittweise in die Ferroelektrizität als Teil der Festkörperphysik einzuführen. Deshalb wird das Hauptaugenmerk darauf gerichtet, allgemeine Gesetzmäßigkeiten dieser Erscheinung aufzuzeigen. Als Beispiele werden die Eigenschaften einer nur sehr kleinen Anzahl gut untersuchter Ferroelektrika wie Bariumtitanat, Kaliumdihydrogenphosphat u. a. angeführt. Aus demselben Grunde werden nur Einkristalle berücksichtigt, wo die Effekte klar in Erscheinung treten. Auf die Eigenschaften ferroelektrischer Keramik und ihre praktische Anwendung wird überhaupt nicht eingegangen. Das Buch enthält fünf Kapitel. Das erste dient zur Einführung und vermittelt allgemeine Kenntnisse über die spontane Polarisation sowie über die Pyro-, Ferro- und Antiferroelektrizität. Das zweite enthält die thermodynamische Theorie der Ferroelektrika. Zum besseren Verständnis ist ein kurzer Abriß der Thermodynamik der Kristalle und der Theorie der Phasenumwandlung zweiter Ordnung vorausgeschickt.

Im dritten Kapitel geht es um die Domänenstruktur. Es wird auf die Frage der energetischen Stabilität im thermischen Gleichgewicht sowie auf die Gleichgewichtsform und die Anordnung der Domänen eingegangen. Im vierten Kapitel werden die wichtigsten physikalischen Eigenschaften der Ferroelektrika behandelt, die spontane Polarisation sowie die dielektrischen, elektromechanischen, optischen und thermischen Eigenschaften. Gleichzeitig damit werden für einige Ferroelektrika experimentelle Daten angegeben. Das fünfte Kapitel befaßt sich mit den mikroskopischen Theorien der spontanen Polarisation. In den ersten zwei Paragraphen wird die Struktur typischer Ferroelektrika und deren Veränderung beim Auftreten der spontanen Polarisation beschrieben. Außerdem wird auf einige mikroskopische Modelle hingewiesen. Der letzte Paragraph dieses Kapitels, der dankenswerterweise von dem Kandidaten der phys.-math. Wissenschaften S. P. Solowjew geschrieben wurde, beschäftigt sich mit der Theorie der spontanen Polarisation unter dem Gesichtspunkt der Gitterdynamik. Diese Richtung hat sich als besonders erfolgreich erwiesen.

In diesem Buch wird das MKSA- bzw. das internationale (SI-)Einheitensystem verwendet, in dem die Grundgleichungen in rationalisierter Form geschrieben werden.

In einem Lehrbuch wie dem vorliegenden können natürlich keine auch nur annähernd vollständigen bibliographischen Angaben gemacht werden. Bei der Zusammenstellung des Literaturverzeichnisses bevorzugten wir die sowjetische Literatur, berücksichtigten aber auch alle anderen zugänglichen Quellen, die für ein tieferes Eindringen in diese oder jene Teilfrage benötigt werden.

Diesem Buch liegen Vorlesungen zugrunde, welche die Autoren seit einigen Jahren für Studenten höherer

Semester der Physikalischen Fakultät der Staatlichen Universität Moskau (B. A. STRUKOW) und der Fakultät für Dielektrika und Halbleiter des Instituts für Stahl und Legierungen in Moskau (A. S. SONIN) halten.

Somit ist dieses Buch für Leser bestimmt, die über Kenntnisse auf dem Gebiet der Kristallographie und der Festkörperphysik verfügen, wie sie an Hochschulen und Universitäten gelehrt werden. Es kann auch für wissenschaftliche Mitarbeiter und Ingenieure von Nutzen sein, die in ihrer Arbeit mit ferroelektrischen Kristallen in Berührung kommen.

Die Paragraphen 1.1—1.3, 3.2, 3.3, 4.4, 5.1, 5.2, 6.1 und 6.2 wurden von A. S. SONIN, 2.1—2.3, 3.1, 4.1—4.3 und 4.5 von B. A. STRUKOW geschrieben.

Die Autoren danken den Professoren Dr. G. A. SMOLENSKY, I. S. SHELUDEV, V. A. KOPTSIK, V. M. FRIDKIN und A. P. LJUBIMOV sowie den Herren Dr. SHUVALOV und V. K. FEDJANIN, die das Manuskript durchgesehen und eine Reihe von Bemerkungen gemacht haben, die bei der endgültigen Abfassung des Buches berücksichtigt wurden. Außerdem danken wir L. A. SIDOROVA und T. P. KALITINA für ihre Unterstützung bei der Vorbereitung des Manuskripts für den Druck.

1. Spontane Polarisation der Kristalle

1. 1. Dipolmoment und Kristallstruktur

1.1.1. Kristallographische und physikalische Grundlagen

Die Kristalle unterscheiden sich von den gasförmigen, flüssigen und amorphen festen Stoffen durch ihren geometrisch regelmäßigen inneren Aufbau. Dieser kommt in der räumlichen Symmetrie und der periodischen Anordnung der Strukturelemente (Atome, Ionen, Gruppen von Ionen) zum Ausdruck. Das ist dadurch bedingt, daß die Energie der chemischen Bindung zwischen den Strukturelementen beträchtlich größer als die ihrer Wärmebewegung ist. Daher führen die Atome und Ionen nur kleine Schwingungen um stabile Gleichgewichtslagen aus, welche dem Minimum der inneren Energie des Kristalls entsprechen. Wenn es unter den Strukturelementen Moleküle oder Gruppen von Ionen gibt, so können diese auch eine größere Bewegungsmöglichkeit besitzen. Sie können z. B. um eine ihrer Schwerpunktsachsen rotieren oder ihre Form verändern. Deshalb stellen die experimentell bestimmten Koordinaten der Strukturelemente bzw. die zwischenatomaren Abstände zeitliche Mittelwerte der eigentlichen dynamischen Koordinaten und Abstände dar.

Der innere Aufbau der Kristalle ist durch die Gesamtheit der Symmetrieelemente bestimmt, welche die Lagen der Strukturelemente miteinander verknüpfen. Deshalb nehmen die Atome und Ionen nur ganz bestimmte Plätze im Kristall ein, die durch eine der 230 Raumgruppen zugelassen sind [1]. Die Gesamtheit dieser Punkte des Raumes bezeichnet man als Gitterkomplex. Einen solchen erhält man durch Anwendung sämtlicher Symmetrieelemente (Symmetrieoperationen) auf einen gegebenen Punkt. Unter einem Gitterkomplex versteht man also die Gesamtheit von identischen Strukturelementen, genauer gesagt von ihren Schwerpunkten. Wenn sich der vorgegebene Punkt in einer allgemeinen, d. h. durch kein Symmetrieelement fixierten Lage befindet, so erhält man einen sog. allgemeinen Gitterkomplex. Die Atome und Ionen in derartigen Punkten besitzen drei Freiheitsgrade, d. h. die Raumsymmetrie erlaubt eine beliebige Verschiebung. Von einem speziellen Gitterkomplex spricht man, wenn sich der Ausgangspunkt in einer besonderen Lage, auf Symmetrieelementen befindet. Hier ist die Lage der Atome und Ionen durch eine geringere Anzahl von Koordinaten bestimmt. So ist z. B. die Lage in einer Symmetrieebene durch zwei Koordinaten bestimmt. In diesem Falle läßt die Raumsymmetrie nur eine Verschiebung in dieser Ebene zu, d. h. ein derartiger Baustein besitzt nur zwei Freiheitsgrade. Atome oder Ionen auf Punkten eines Gitterkomplexes, dessen Ausgangspunkt sich auf einer Symmetrieachse befindet, besitzen einen Freiheitsgrad, der mit der Richtung der Achse zusammenfällt. Hier ist die Lage durch eine Koordinate bestimmt. Atome oder Ionen, die sich in einem Symmetriezentrum, dem Schnittpunkt einer Achse mit einer Symmetrieebene befinden, besitzen gar keinen Freiheitsgrad.

Bezüglich der chemischen Bindung zwischen den Strukturelementen unterscheidet man zwischen verschiedenen Grenzfällen. Wenn Elektronen vollständig von einem Atom zu einem anderen übergehen, so entstehen zwei ungleichnamige Ionen und die Bindung beruht auf der elektrostatischen Wechselwirkung zwischen diesen. Man bezeichnet sie als ionische oder heteropolare Bindung. Der andere Grenzfall ist die kovalente (homöopolare) Bindung, bei der ein Teil der Elektronen zwei Atomen gemeinsam angehört. Im Gegensatz zur Ionenbindung, bei der es keine Vorzugsrichtung gibt, ist die kovalente Bindung streng gerichtet, weil sie nur in solchen Richtungen auftreten kann, in denen eine größere Überlappung der Elektronenhüllen möglich ist. In den meisten Kristallen liegen beide Bindungstypen vor: Die Valenzelektronen tauschen sich wie bei einer kovalenten Bindung aus, zugleich aber sind sie wie bei einer ionischen Bindung zum elektronegativeren Atom hin verschoben.

Die elektrostatische Wechselwirkung bei ionischer Bindung beschreibt man durch Einführung der effektiven Ladung q^*, die man jedem Atom zuschreibt. Die effektiven Ladungen sind die Quellen des inneren Feldes im Kristall. In erster Näherung kann man q^* durch die Ionenladung q^{ion}, die durch die Wertigkeit des entsprechenden Atoms bestimmt ist, und den Ionisierungsgrad K in der Form

$$q^* = q^{\text{ion}} \cdot \mathrm{K}$$

ausdrücken.

Die elektrischen Eigenschaften der Kristalle sind bestimmt sowohl durch Betrag und Vorzeichen der effektiven Ladungen als auch durch ihre Anordnung. Die quantitative Kenngröße der Verteilung der elektrischen Ladungen im Kristall ist das elektrische Moment. Diese Größe wollen wir wegen ihrer Bedeutung für die Polarisation der Stoffe etwas genauer untersuchen.

Für ein System von Punktladungen ist das elektrische Moment $\boldsymbol{p}$ definiert durch

$$\boldsymbol{p} = \sum_i q_i \boldsymbol{r}_i ,$$

wobei $\boldsymbol{r}_i$ der Ortsvektor vom gewählten Bezugspunkt zur i-ten Ladung ist. Bei einer stetigen Verteilung der Ladung mit der Dichte $\varrho(\boldsymbol{r})$ lautet der entsprechende Ausdruck

$$\boldsymbol{p} = \int \varrho(\boldsymbol{r}) \boldsymbol{r} \, \mathrm{d}V ,$$

wenn $\mathrm{d}V$ das Volumenelement bedeutet.

Wenn $\int \varrho(\boldsymbol{r}) \mathrm{d}V = 0 = \sum_i q_i$ ist, d. h. wenn Ladungsneutralität vorliegt, hängt $\boldsymbol{p}$ nicht von der Wahl des

Bezugspunktes ab. Geht man vom Punkt 0 zu 0′ über, so erhält man für das elektrische Moment

$$\boldsymbol{p}' = \sum_i q_i \boldsymbol{r}_i' = \sum_i q_i(\boldsymbol{r}_i + 00') = \sum_i q_i \boldsymbol{r}_i = \boldsymbol{p}.$$

Wenn die Ladungen durch äußere Einwirkung in einem elektrisch neutralen System um $\delta\boldsymbol{r}_i$ verschoben werden, so entsteht das elektrische Moment

$$\boldsymbol{p} = \sum_i q_i \delta\boldsymbol{r}_i.$$

Das elektrische Moment zweier Ladungen mit gleichem Betrag, aber entgegengesetztem Vorzeichen bezeichnet man als elektrisches Dipolmoment:

$$\boldsymbol{d} = q\boldsymbol{r},$$

wenn $\boldsymbol{r}$ den Vektor bedeutet, der von der negativen zur positiven Ladung weist.

Das elektrische Feld eines Dipols kann man über das Potential

$$\varphi = \frac{1}{4\pi\varepsilon_0}\frac{\boldsymbol{dR}}{R^3}$$

berechnen, wenn ε_0 die Dielektrizitätskonstante (DK) des Vakuums und $\boldsymbol{R}$ den Ortsvektor vom Dipol zum Aufpunkt bedeuten:

$$E_z = -\frac{\partial\varphi}{\partial z} = \frac{d}{4\pi\varepsilon_0 \boldsymbol{R}^3}(3\cos^2\Theta - 1);$$

$$E_\perp = \left[\left(\frac{\partial\varphi}{\partial x}\right)^2 + \left(\frac{\partial\varphi}{\partial y}\right)^2\right]^{1/2} = \frac{3d}{4\pi\varepsilon_0 R^3}\sin\Theta\cos\Theta.$$

$E_\perp$ ist die Komponente des elektrischen Feldes senkrecht zur Dipolachse, die parallel zur z-Achse sei.

Oft interessiert man sich für die Wirkung einer bestimmten Anordnung von Ladungen auf andere, weit entfernte Ladungen bzw. Systeme von Ladungen. Das Potential im Punkt M ist

$$\varphi_M = \frac{1}{4\pi\varepsilon_0} \sum_i \frac{q_i}{R_i}.$$

Wenn der Abstand des Punktes M vom vorgegebenen System $\boldsymbol{R}$ sehr groß im Vergleich zu den Abständen der einzelnen Ladungen des Systems $\boldsymbol{r}_{ik}$ ist, so gilt $1/R \approx 1/R_i$ und

$$\varphi_M = \frac{1}{4\pi\varepsilon_0 R} \sum_i q_i = 0,$$

wenn das System elektrisch neutral ist. In der folgenden Näherung muß man den Unterschied zwischen den $\boldsymbol{R}_i$, d. h. die Ausdehnung des Systems berücksichtigen. Wir setzen

$$R_i = R - \frac{\boldsymbol{r}_i \boldsymbol{R}}{R},$$

$$\frac{1}{R_i} = \frac{1}{R - \boldsymbol{r}_i \boldsymbol{R}/R} = \frac{1}{R} \left(\frac{1}{1 - \boldsymbol{r}_i \boldsymbol{R}/R^2} \right) = \frac{1}{R} \left(1 + \boldsymbol{r}_i \boldsymbol{R}/R^2\right).$$

Damit ergibt sich

$$\varphi_M = \frac{1}{4\pi\varepsilon_0} \sum_i \frac{q_i}{R_i} = \frac{1}{4\pi\varepsilon_0 R} \left(\sum_i q_i + \sum_i q_i \boldsymbol{r}_i \boldsymbol{R}/R^2 \right) = \frac{\boldsymbol{p}\boldsymbol{R}}{4\pi\varepsilon_0 R^3}.$$

Man kann also sagen, daß das Potentialfeld eines elektrisch neutralen Systems von Ladungen in genügend großem Abstand dasselbe wie für einen elektrischen Dipol ist. Entsprechendes gilt natürlich auch für das elektrische Feld.

Das Dipolmoment eines derartigen Systems von Ladungen ist gleich dem Produkt der gesamten Ladung eines Vorzeichens mit dem Abstand zwischen den elektrischen Schwerpunkten der positiven und negativen Ladungen:

$$d = \boldsymbol{R}_{+-} \sum_i q_i^+ ,$$

mit

$$\boldsymbol{R}_{+-} = \frac{\sum_i q_i^+ \boldsymbol{r}_i^+}{\sum_i q_i^+} - \frac{\sum_i q_i^- \boldsymbol{r}_i^-}{\sum_i q_i^-} .$$

Im internationalen bzw. MKSA-System ist die Einheit des elektrischen Momentes 1 As m.

Wir bezeichnen einen Kristall als unpolar, wenn sein Dipolmoment gleich Null ist, d. h. wenn die elektrischen Schwerpunkte aller positiven und negativen Ladungen der Strukturelemente in der Elementarzelle zusammenfallen. Solche Kristalle, in denen das nicht der Fall ist, in denen die Ladungsverteilung asymmetrisch ist, nennen wir polare Kristalle. Die allgemeinste Art von elektrischer Asymmetrie rührt daher, daß die elektrischen Schwerpunkte der positiv geladenen Atomkerne und der negativ geladenen Elektronenhüllen nicht zusammenfallen. Natürlich wird hierbei das resultierende Dipolmoment hauptsächlich durch Verschiebung der schwach gebundenen Valenzelektronen bestimmt.

Die Größe und Richtung elektronischer Dipolmomente kann man in Kristallen mit vorwiegend ionischer Bindung aus der räumlichen Anordnung und der Polarisierbarkeit der Atome berechnen. Wir nehmen an, daß der Kristall aus Punktladungen aufgebaut ist, die gleich den effektiven Ladungen sind. In diesen wird durch ein elektrisches Feld ein elektronisches Dipolmoment induziert, dessen Betrag und Richtung zu bestimmen sind. Die Berechnung des inneren Feldes im Kristall ist eine schwierige Aufgabe der theoretischen Physik. Sie wird stark vereinfacht, wenn man sich den Kristall aus Punktladungen und Punktdipolen aufgebaut denkt. Von einem Punktdipol kann man sprechen, wenn seine Länge sehr klein im Vergleich zum Abstand seiner Nachbarn ist.

Für die Berechnung des inneren Feldes nehmen wir an, daß es aus zwei Anteilen besteht. Der eine rührt von den Ionen und Dipolen her, die sich innerhalb einer kleinen Kugel befinden (LORENTZ-Kugel), in deren Mittelpunkt sich das Ion befindet, für welches das Feld zu berechnen ist, und die etwa 10^2 bis 10^3 Bausteine enthält. Der zweite Anteil stammt von der Materie außerhalb dieser Kugel, wo wir den Kristall als Kontinuum ansehen können. Für diesen Beitrag ergibt sich (s. z. B. [2a])

$$\boldsymbol{E}' = \frac{\boldsymbol{P}}{3\varepsilon_0}.$$

Darin bedeutet $\boldsymbol{P}$ die elektrische Polarisation des Kristalls, die gleich dem elektrischen Dipolmoment pro Volumeneinheit ist (s. Abschn. 1.2.1).

Wir berechnen jetzt die Potentiale und Felder der Punktladungen und Punktdipole innerhalb der LORENTZ-Kugel, wobei wir die Koordinaten x_i, y_i und z_i auf den Kugelmittelpunkt beziehen. Hier ergibt sich für das Potential, welches von den m Ionen der j-ten Art mit der effektiven Ladung $q_j{}^*$ herrührt:

$$\varphi_i = \frac{q_j{}^*}{4\pi\varepsilon_0} \sum_{k=1}^{m} \frac{1}{r_{ik}^{(j)}}. \tag{1.1}$$

Daraus ergibt sich für die Feldstärke z. B. in Richtung der x-Achse:

$$E_{ix} = \frac{q_j{}^*}{4\pi\varepsilon_0} \sum_{k=1}^{m} \frac{x_{ik}^{(j)}}{\{(r_{ik}^{(j)})^3\}}. \tag{1.2}$$

Das elektrische Feld seitens aller Ladungen in der Kugel, welches in deren Mittelpunkt auf ein Ion der Sorte i wirkt, erhalten wir durch Summierung über alle n Ionensorten:

$$E''_{ix} = \frac{1}{4\pi\varepsilon_0} \sum_{j=1}^{n} q_j{}^* f_{ij}.$$

Hierin bedeutet

$$f_{ij} = \sum_{k=1}^{m} \frac{x_{ik}^{(j)}}{(r_{ik}^{(j)})^3}$$

den Strukturfaktor für die das innere Feld bestimmenden Ladungen. Auf entsprechende Weise kann man das Feld seitens der in der LORENTZ-Kugel enthaltenen Dipole berechnen:

$$E_{ix}''' = \frac{1}{4\pi\varepsilon_0} \sum_{j=1}^{n} p_{jx} h_{ij},$$

wobei

$$h_{ij} = \sum_{k=1}^{n} \frac{(x_{ik}^{(j)})^2 - (y_{ik}^{(j)})^2 - (z_{ik}^{(j)})^2}{(r_{ik}^{(j)})^5}$$

den Strukturfaktor für die das innere Feld bestimmenden Dipole ist. Insgesamt ergibt sich für die elektrische Feldstärke, die auf ein Ion der Sorte i in Richtung der x-Achse wirkt:

$$E_{ix} = E' + E'' + E''' = \frac{1}{4\pi\varepsilon_0} \left[\sum_{j}^{n} \frac{4\pi}{3} n_j p_{jx} + \sum_{j}^{n} q_j^* f_{ij} + \sum_{j}^{n} p_{jx} h_{ij} \right], \qquad (1.3)$$

wobei die Polarisation des Kontinuums außerhalb der LORENTZ-Kugel durch die im Gitter enthaltenen Dipole und deren Anzahl pro Volumeneinheit n_j ausgedrückt ist (s. Abschn. 1.2.1). Dieses innere Feld induziert in den Ionen der Sorte i das Dipolmoment p_i. Die Beziehung zwischen diesen beiden Größen wird durch die Polarisierbarkeit α_i beschrieben: $p_{ix} = \alpha_i \varepsilon_0 E_{ix}$. Wir erhalten also für die Dipolmomente aller nichtäquivalenten Ionensorten des Gitters ein selbstkonsistentes System von Gleichungen. Dabei läßt die Wahl der effektiven Ladungen q_j^* eine erhebliche Willkür zu. Die Rechnungen werden ganz wesentlich vereinfacht, wenn man die Raumsymmetrie des Gitters berücksichtigt. Auf diese Frage wollen wir im Folgenden eingehen.

Betrachten wir ein Atom in einem Symmetriezentrum C des Gitters, wo es, wie wir wissen, keinen Freiheitsgrad besitzt (Abb. 1a). Nehmen wir an, daß auf diesen Baustein das innere Feld $\boldsymbol{E}^i$ wirkt, so muß wegen der Existenz eines Symmetriezentrums auch das entgegengesetzt

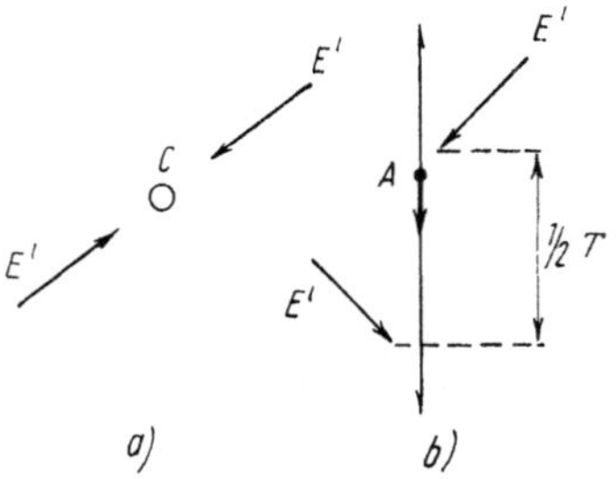

Abb. 1. Zum inneren Feld am Ort eines Gitteratoms a) in einem Symmetriezentrum b) auf einer 2-zähligen Schraubenachse

gleichgroße Feld $-\boldsymbol{E}^i$ vorhanden sein. Mithin ist das resultierende Feld im Punkte C gleich Null. Deshalb müssen auch die Dipolmomente von Atomen, die sich in den Punkten eines derartigen Gitterkomplexes befinden, gleich Null sein. Dasselbe gilt natürlich für die elektronischen Dipolmomente aller Atome, die sich in anderen Gitterkomplexen ohne Freiheitsgrad befinden, nämlich auf den Schnittpunkten von Spiegelebenen mit Symmetrieachsen, auf den Schnittpunkten von Symmetrieachsen und auf einfachen Inversionsachsen.

Wenn sich Atome in speziellen Lagen mit einem oder zwei Freiheitsgraden bzw. in allgemeinen Lagen mit drei Freiheitsgraden befinden, so werden ihre Dipolmomente von Null verschieden sein. Das gilt aber nur für ihre Projektionen auf die Richtungen, die durch den Freiheitsgrad des Gitterkomplexes bestimmt sind. Nehmen wir etwa an, ein Atom befinde sich in dem Punkt A, der zu einem Gitterkomplex mit einem Freiheitsgrad gehört, z. B. auf einer zweizähligen Schraubenachse (Abb. 1b). Der einzige Freiheitsgrad dieses Systems ist die Richtung der Symmetrieachse. Wenn auf dieses Atom die Feldstärke $\boldsymbol{E}^i$ wirkt, so muß es nach Anwendung der Symmetrieoperation — Drehung um 180° und Verschiebung um $\boldsymbol{T}/2$ längs der Symmetrieachse ($\boldsymbol{T}$ ist die Translation des Gitters) — dasselbe Feld vorfinden. Somit kann das

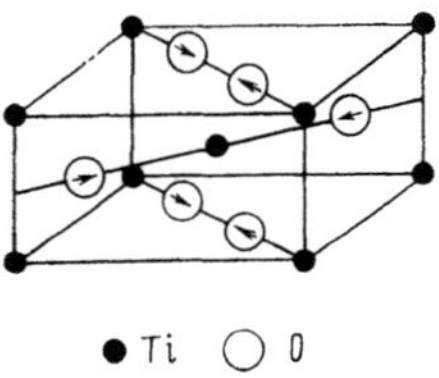

Abb. 2. Orientierung der elektronischen Dipolmomente im Rutil (TiO_2)

resultierende innere Feld nur eine Komponente längs der Symmetrieachse besitzen, und das bedeutet, daß das elektronische Dipolmoment $\boldsymbol{p}$ des Atoms in A dieselbe Richtung, nämlich die des Freiheitsgrades des Gitterkomplexes besitzt.

Analog kann man zeigen, daß die Richtungen der elektronischen Dipolmomente von Atomen, die sich in speziellen Lagen mit zwei Freiheitsgraden, z. B. auf einer Spiegelebene befinden, in dieser Ebene liegen müssen. Die elektronischen Dipolmomente von Atomen in allgemeinen Lagen mit drei Freiheitsgraden können eine beliebige Orientierung besitzen.

Um eine Vorstellung über den Betrag der elektronischen Dipolmomente und der inneren Felder in Kristallen zu vermitteln, geben wir einige Daten für Rutil (TiO_2) an (Abb. 2). Die Ti^{4+}-Ionen befinden sich in Symmetriezentren und besitzen demzufolge kein Dipolmoment. Die O^{2-}-Ionen liegen auf zweizähligen Achsen, die senkrecht auf vierzähligen stehen, und besitzen somit einen Freiheitsgrad. Ihre elektronischen Dipolmomente können deshalb nur in Richtung der Diagonalen der Basisflächen orientiert sein. Mit Gl. (1.2) erhält man die Beträge $p = 1{,}6 \cdot 10^{-30}$ As m und $\boldsymbol{E}^i = 0{,}39 \cdot 10^{10}$ V/m. Aus Abb. 2 erkennt man weiterhin, daß das resultierende elektronische Dipolmoment der Elementarzelle des Rutils gleich Null ist.

1.1.2. Elektronische und atomare Dipolmomente

Wenn die Schwerpunkte der positiven und negativen effektiven Ladungen der Atome in der Elementarzelle nicht zusammenfallen, sondern den Abstand $\boldsymbol{l}$ haben, so besitzt diese das äquivalente atomare Dipolmoment

$$\boldsymbol{p}^{\mathrm{at}} = q\boldsymbol{l}. \tag{1.4}$$

In diesem Fall ist der Kristall makroskopisch gesehen ein polares Kontinuum.

Während die Symmetrie der Kristallgitter durch die 230 Raumgruppen beschrieben wird, ist die makroskopische Symmetrie der Kristalle, aufgefaßt als anisotrope Kontinua, durch eine der 32 Punktgruppen gekennzeichnet. Man erhält diese aus der Raumgruppe, indem man erstens die Schraubenachsen durch einfache Symmetrieachsen derselben Zähligkeit und die Gleitspiegelebenen durch Spiegelebenen ersetzt und zweitens alle Symmetrieelemente parallel zu sich selbst so verschiebt, daß sie sich in einem Punkt schneiden.

Wir wollen jetzt untersuchen, wie die Punktsymmetrie eines Kristalls mit seinem äquivalenten atomaren Dipolmoment zusammenhängt. Dazu bestimmen wir zunächst die Symmetrie des polaren Vektors, der dieses Moment beschreibt. Unter seiner Punktgruppe verstehen wir die Gesamtheit aller Symmetrieelemente bzw. -transformationen, für die dieser Vektor invariant ist [3]. Wir nehmen der Einfachheit halber an, daß der Vektor $\boldsymbol{p}$ die Richtung der z-Achse des rechtwinkligen Koordinatensystems (X, Y, Z) besitzt (Abb. 3a). Jetzt zeigen wir zunächst, daß $\boldsymbol{p}$ eine ∞-zählige Symmetrieachse besitzt, d. h. bei beliebiger Drehung um die z-Achse invariant bleibt. Formal erkennt man das folgendermaßen: Die

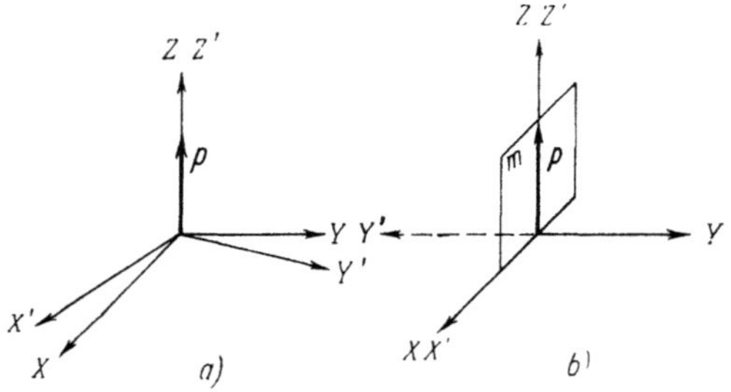

Abb. 3. Symmetrieelemente eines polaren Vektors a) ∞-zählige Symmetrieachse b) Symmetrieebene m

Komponenten eines Vektors transformieren sich bei Drehung des Koordinatensystems wie

$$p_i' = c_{ij} p_j . \tag{1.5}$$

Dabei bedeuten p_i' die Koordinaten von $\boldsymbol{p}$ im neuen System (X', Y', Z') und c_{ij} die Kosinus der Winkel zwischen den neuen und den alten Achsen. Für eine Drehung um die z-Achse um den Winkel α lauten die Richtungskosinus:

	X	Y	Z
X'	$\cos\alpha$	$-\sin\alpha$	0
Y'	$\sin\alpha$	$\cos\alpha$	0
Z'	0	0	1.

Setzt man das in (1.5) ein, so ergibt sich

$$p_1' = 0,\ p_2' = 0,\ p_3' = p_3,$$

d. h. $\boldsymbol{p}$ ist gegenüber einer beliebigen Drehung um die z-Achse invariant.

Ein polarer Vektor besitzt weiterhin unendlich viele Symmetrieebenen mit Normalen senkrecht zur Symmetrieachse. Zum Nachweis brauchen wir nur zu zeigen, daß es eine derartige Symmetrieebene gibt. Alle übrigen erhält man daraus durch Anwendung der durch die ∞-zählige Achse gekennzeichneten Symmetrieoperation. Die Flächennormale der Symmetrieebene möge parallel zur y-Achse orientiert sein (Abb. 3b). Die Richtungskosinus der entsprechenden Symmetrietransformation (Spiegelung) sind:

	X	Y	Z
X'	1	0	0
Y'	0	-1	0
Z'	0	0	1.

Setzen wir diese in Gl. (1.5) ein, erhalten wir

$$p_1' = 0, \; p_2' = 0, \; p_3' = p_3,$$

d. h., dieser Vektor ist auch der hier beschriebenen Spiegelung gegenüber invariant. Weitere Symmetrieelemente besitzt ein polarer Vektor nicht. Seine Symmetriegruppe ist somit ∞m. Man kann sie sich leicht anhand des Symbols (Pfeil) für einen polaren Vektor merken.

Kristalle, die ein nicht verschwindendes atomares Dipolmoment besitzen, gehören bezüglich ihrer Symmetrie zu einer der zehn polaren Klassen (bzw. einer der 68 polaren Raumgruppen). Das geht unmittelbar aus dem Grundgesetz der Kristallphysik, dem NEUMANNschen Prinzip hervor [4], wonach die morphologische Symmetrie eines Kristalls eine Untergruppe derjenigen Punktgruppe sein muß, welche die Symmetrie einer physikalischen Eigenschaft beschreibt. Die polaren Kristalle müssen demnach zu Punktgruppen gehören, die Untergruppen der Gruppe ∞m des polaren Vektors $\boldsymbol{p}^{\text{at}}$ sind. Als solche erweisen sich die polaren Punktgruppen 1, 2, 3, 4, 6, *m*, *mm*, 3*m*, 4*mm*, 6*mm*.

Wenn ein Kristall Komplexe von Ionen oder Moleküle enthält, so kann man diesen ein äquivalentes atomares Dipolmoment zuordnen und ihre Verteilung untersuchen. So besteht z. B. der (Tieftemperatur-) α-Quarz aus etwas verzerrten Sauerstofftetraedern, die in den Ecken miteinander verbunden sind und jeweils ein Si-Atom enthalten. Nimmt man an, daß der Ionisierungsgrad der Si—O-Bindung gleich 0,3 ist, so ergeben sich die effektiven Ionenladungen $q^*_{\text{Si}} = +1{,}2q^{\text{e}}$ und $q_0{}^* = -0{,}6q^{\text{e}}$, wenn man die Elementarladung mit q^{e} bezeichnet. Weil jedes O-Atom zu zwei Tetraedern gehört, ist für dessen negative effektive Ladung der Wert $-1{,}2q^{\text{e}}$ einzusetzen. Der Schwerpunkt der effektiven Ladungen der O-Atome eines Tetraeders hat vom Zentrum des Si-Atoms einen Abstand von 0,02 AE. Daraus ergibt sich nach Gl. (1.4) für das äquivalente atomare Dipolmoment eines SiO_4-Tetraeders der Wert $0{,}36 \cdot 10^{-30}$ As m. Allerdings ist das resultierende Dipolmoment aller Tetraeder einer Elementarzelle gleich Null (Quarz gehört zur Kristallklasse 32).

1.2. Pyroelektrika, Ferroelektrika und Antiferroelektrika

1.2.1. Permanente (spontane) Polarisation

Bilden wir die vektorielle Summe aller j elektronischen und atomaren Dipolmomente der Elementarzelle eines Kristalls, so erhalten wir deren permanentes (spontanes) elektrisches Moment

$$\boldsymbol{p}^{\text{s}} = \sum_{j}^{N} \boldsymbol{p}_j \,.$$

Darin bedeutet N die Anzahl der Ionensorten. Spontan nennen wir dieses Moment deshalb, weil es ohne Einwirkung eines äußeren elektrischen Feldes existiert.

Das spontane elektrische Moment der Elementarzelle ist eine mikroskopische Größe des Kristalls. Es kann nicht unmittelbar gemessen werden. Wir können es aber zu einer makroskopischen, meßbaren Größe in Beziehung setzen, nämlich der permanenten bzw. spontanen Polarisation $\boldsymbol{P}^s$, die wir als das elektrische Moment pro Volumeneinheit definieren. Sie ist gleich der vektoriellen Summe der spontanen elektrischen Momente der Elementarzellen pro Volumeneinheit. Bei den meisten polaren Kristallen hat $\boldsymbol{P}^s$ dieselbe Richtung wie die $\boldsymbol{p}^s$. Bei Ferroelektrika braucht das aber nicht zuzutreffen.

Im Internationalen (bzw. MKSA-) System ist die Einheit der Polarisation 1 As m/m³ = 1 As/m².

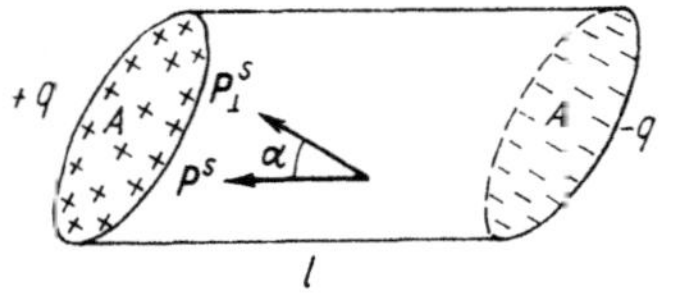

Abb. 4. Zur Beziehung zwischen der spontanen Polarisation $\boldsymbol{P}^s$ und der Oberflächenladung (s. Text)

Um zu zeigen, wie man die Polarisation messen kann, stellen wir uns eine Probe eines polaren Kristalls in Form eines schrägen Kreiszylinders mit der Mantellänge l und den Stirnflächen A vor (Abb. 4). Der Vektor der spontanen Polarisation möge parallel zur Zylinderachse orientiert sein. Weil die elektrischen Schwerpunkte der positiven und negativen Ladungen des Kristalls nicht zusammenfallen, kann man sich das System der Dipole durch die Ladungen $+q$ und $-q$ auf den Stirnflächen der Probe ersetzt denken. Hier gilt für die Normalkomponente der spontanen Polarisation

$$P_\perp^s = P^s \cos\alpha\,,$$

wenn α der Winkel zwischen P^s und der Normalen der Stirnflächen ist. Laut Definition muß

$$P^s = ql/V$$

sein, wenn V das Volumen der Probe ist. Deshalb ist

$$P_{\perp}^s = (ql/V) \cos \alpha . \tag{1.2.1}$$

Für die Ladungsdichte auf den Stirnflächen erhalten wir

$$\sigma = q/A = (ql/V) \cos \alpha . \tag{1.2.2}$$

Aus (1.2.1) und (1.2.2) folgt

$$P_{\perp}^s = \sigma , \tag{1.2.3}$$

d. h., die Normalkomponente von P^s ist gleich der Ladungsdichte auf der Oberfläche des Kristalls.

Die Verteilung der Oberflächenladungen kann man mit Hilfe einer Indikatrix anschaulich darstellen. Dazu

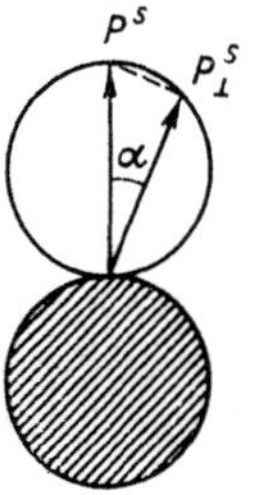

Abb. 5. Indikatrix der Ladungsdichte auf der Oberfläche eines polaren Kristalls

trägt man von einem Punkt aus Strecken ab, die $\sigma = P_{\perp}^s = P^s \cos \alpha$ proportional sind. Die dadurch bestimmte Fläche besitzt die Form zweier sich berührender Kugeln mit dem Durchmesser P^s (Abb. 5). Die weiße Kugel gilt für die positiven, die schwarze für die negativen Ladungen [5].

Trotz der spontanen Polarisation ist normalerweise die Oberflächenladung polarer Kristalle gleich Null, weil sie durch freie Ladungen im Kristall oder aus der Umgebung kompensiert werden. Unmittelbar messen kann man sie nur auf der Oberfläche eines frischen Bruches, bevor eine Kompensation durch Leitfähigkeit bzw. durch Kontamination erfolgt ist.

Wesentlich einfacher ist es, die Änderung der spontanen Polarisation mit der Temperatur zu messen. Dieses Auftreten von Oberflächenladungen bei einer homogenen Temperaturänderung im Kristall (bei der keine merklichen Gradienten und damit verbundene Spannungen entstehen) bezeichnet man als pyroelektrischen Effekt. Die Pyroelektrizität ist das charakteristische Merkmal der polaren Kristalle, die man deshalb auch als Pyroelektrika bezeichnet. Für kleine Temperaturänderungen ΔT kann man diesen Effekt quantitativ durch eine lineare Beziehung beschreiben:

$$\Delta P_i = \gamma_i \Delta T .$$

Die Stoffgröße γ_i bezeichnet man als pyroelektrischen Koeffizienten.

Als Beispiele für Kristalle mit starker Pyroelektrizität seien Lithiumsulfat und vor allem Turmalin angeführt, für das γ die Größenordnung $4 \cdot 10^{-6}$ As/m^2K besitzt.

1.2.2. Modell eines polaren Kristalls

Wir stellen uns einen Kristall vor, der aus einem Kationen- (A^+-) und einem Anionen- (B^--) Teilgitter besteht. Die A^+-Ionen mögen sich im Innern der B^--Zellen auf einer 4-zähligen Achse befinden und in deren Richtung um die Strecke δ vom Zentrum aus verschoben sein (Abb. 6). Ein derartiger Kristall besitzt aufgrund seiner Symmetrie ein inneres elektrisches Feld sowie ein elektronisches und atomares Dipolmoment und somit auch eine spontane Polarisation in Richtung der polaren z-Achse.

Eine solche Anordnung der elektrischen Ladungen q^* ist denkbar, wenn im Zentrum der B^--Zellen die A^+-Ionen anharmonisch gebunden sind, so daß sich ihre

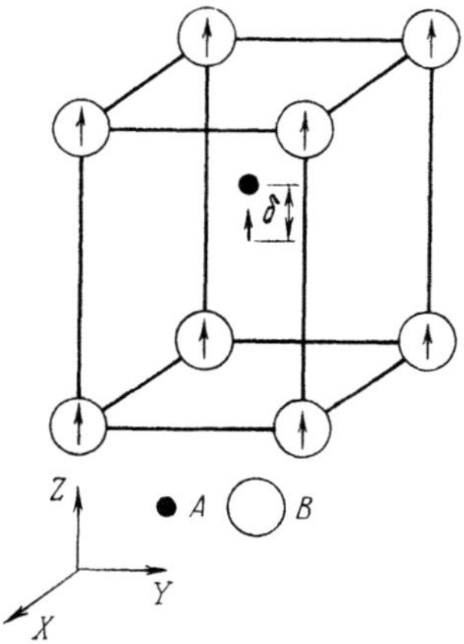

Abb. 6. Anordnung der Ionen in einem polaren Modellkristall

potentielle Energie — zunächst ohne Berücksichtigung des inneren Feldes — in der Form

$$U = \frac{c}{2} z^2 + \frac{b}{4} z^4$$

schreiben läßt, wenn z die Verschiebung vom Mittelpunkt der Zelle aus bedeutet. Es muß $b > 0$ sein, während c sowohl größer als auch kleiner als Null sein kann. Mit der Verschiebung entsteht das Dipolmoment

$$p = a q^* z ,$$

dem wiederum die innere Feldstärke E^i proportional ist:

$$E^i = k p = \beta q^* z , \qquad (1.2.4)$$

wobei $ak = \beta$ gesetzt wurde. Durch das innere Feld wird die potentielle Energie verringert:

$$U = \frac{c}{2} z^2 + \frac{b}{4} z^4 - \frac{\beta}{2} q^{*2} z^2. \qquad (1.2.5)$$

Diese Funktion ist in Abb. 7 für den Fall dargestellt, daß $c - \beta q^* < 0$ ist. Die Gleichgewichtslage der A^+-Ionen,

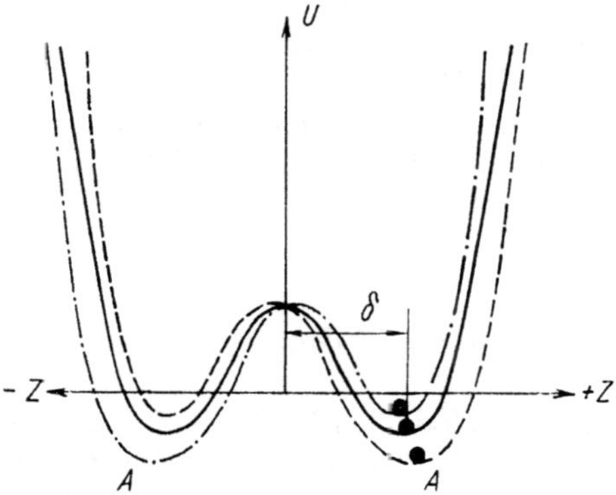

Abb. 7. Potentielle Energie des A-Ions in Abhängigkeit von der Verschiebung z (——— ohne Feld; ------ mit Feld parallel $+z$; — — — mit Feld parallel $-z$)

d. h. ihre Verschiebung δ vom Zentrum, ist durch die Bedingung

$$\frac{\partial U}{\partial z} = c\delta + b\delta^3 - \beta q^{*2}\delta = 0 \qquad (1.2.6)$$

bestimmt. Daraus ergibt sich für die Potentialminima

$$\delta = \pm \sqrt{\frac{\beta q^{*2} - c}{b}}. \qquad (1.2.7)$$

Diese Gleichgewichtslagen sind nur reell, wenn

$$\beta q^{*2} > c \qquad (1.2.8)$$

ist. Multiplizieren wir hier beiderseits mit δ, so erhalten wir unter Berücksichtigung von (1.2.4):

$$\beta q^{*2}\delta = q^* E^i > c\delta . \qquad (1.2.9)$$

Diese Bedingung für die Existenz einer spontanen Polarisation in einem Ionenkristall, die zuerst von GINZBURG [7] untersucht worden ist, besagt, daß die auf der linken Seite durch das innere Feld ausgedrückte Dipol-Dipol- (bzw. Coulomb-) Wechselwirkung größer sein muß als die durch Nahwirkung bedingte, durch c beschriebene elastische Rückstellkraft. Eine stabile Lösung ergibt sich natürlich nur bei einer anharmonischen Bindung. Wenn $b = 0$ ist, gibt es keine stabile Lösung, wie man aus (1.2.5) erkennt.

1.2.3. Wirkung eines äußeren Feldes

Setzen wir unseren Modellkristall einem äußeren elektrischen Feld in Richtung des Dipolmomentes aus, so kommt zur potentiellen Energie der A^+-Ionen (1.2.5) ein weiteres Glied hinzu, das sich so auswirkt, wie es die gestrichelte Kurve in Abb. 7 zeigt. Das Kation entfernt sich noch weiter vom Zentrum der Elementarzelle, so daß sich das atomare sowie die elektronischen Dipolmomente aller Ionen vergrößern. Zur spontanen Polarisation kommt eine induzierte hinzu:

$$\boldsymbol{P} = \boldsymbol{P}^{\mathrm{s}} + \boldsymbol{P}^{\mathrm{ind}} .$$

Kehren wir die Feldrichtung um, so ändert sich zunächst die potentielle Energie so, wie es die strichpunktierte Kurve in Abb. 7 zeigt. Ebenso wie im ersten Fall induziert das äußere Feld eine zusätzliche Polarisation, jetzt allerdings mit umgekehrtem Vorzeichen. Unabhänig von der Existenz der spontanen Polarisation hängt die induzierte Polarisation linear von der Feldstärke ab, ebenso wie in Kristallen ohne Dipolmomente bzw. ohne spontane Polarisation.

Es gibt jedoch auch pyroelektrische Kristalle, die sich anders verhalten. Ist der Potentialwall bei $z = 0$ (Abb. 7) zwischen den Minima bei $z = \pm\delta$ nicht zu hoch, so kann durch ein genügend starkes äußeres Feld das Vorzeichen der Verschiebung und damit des inneren Feldes, der Dipolmomente sowie der spontanen Polarisation umgekehrt werden. Kristalle, in denen ein derartiger Umpolungs-(Umschalt-) Prozeß möglich ist, nennt man Ferroelektrika, weil sie sich in dieser Beziehung den Ferromagnetika analog verhalten. Beim Seignettesalz, dem Kaliumnatriumtartrat ($KNaC_4H_4O_6 \cdot 4H_2O$), wurde diese Erscheinung erstmals gefunden. Daher ist auch die Bezeichnung „Seignetteelektrizität" üblich, und zwar besonders in der UdSSR, wo sie 1932 von I. V. Kurtschatov eingeführt worden ist [8].

1.2.4. Dielektrische Hysterese

Der Umpolungsprozeß äußert sich in einer charakteristischen Abhängigkeit der Polarisation von der elektrischen Feldstärke in Richtung der ferroelektrischen Achse (Abb. 8). Dabei wollen wir auch hier zunächst idealisierte Bedingungen voraussetzen. Nehmen wir an, der Zustand des Kristalls entspräche dem Punkt A in den Abb. 7 und 8, d. h. durch ein elektrisches Feld in $+z$-Richtung werde zusätzlich zur spontanen Polarisation (in Abb. 8 der Abschnitt OB) noch ein weiterer Beitrag induziert. Beim Abschalten des Feldes verschwindet dieser und wird negativ, wenn wir das Feld in entgegengesetzter Richtung anwachsen lassen. Wenn es einen solchen Betrag erreicht hat, daß das Minimum der potentiellen Energie bei $z = 0$ liegt (Abb. 7), so wird eine beliebig geringe weitere Vergrößerung der Feldstärke die Richtung der spontanen Polarisation umkehren (CD in Abb. 8). Danach verhält sich der Modellkristall wieder wie ein Dielektrikum mit normaler $P(E)$-Abhängigkeit, sofern wir nicht zu nahe an den Punkt H gelangen. Hier findet nämlich eine Umschaltung der spontanen Polarisation in die ursprüngliche Richtung statt. Das typische Kennzeichen eines Ferroelektrikums ist also die dielektrische Hysterese, die in der Beziehung zwischen der Polarisation und der elektrischen Feld-

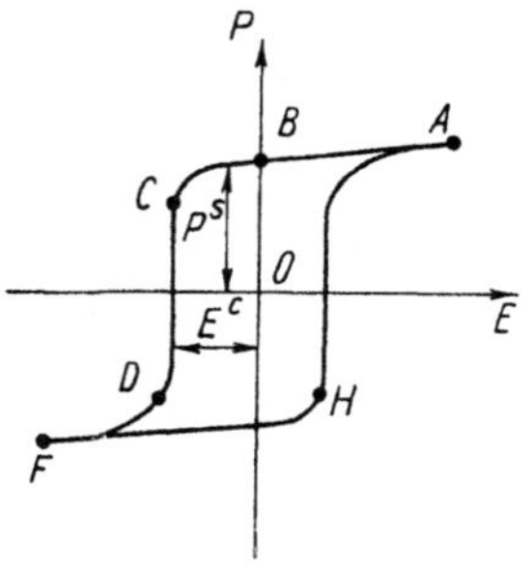

Abb. 8. Dielektrische Hysteresekurve eines Ferroelektrikums

stärke zu beobachten ist, wenn diese um genügend große Beträge, die größer als die Koerzitivfeldstärke E^c sind, geändert wird. Aus einer derartigen Kurve kann man den Betrag der spontanen Polarisation unmittelbar entnehmen.

Bei einem realen Ferroelektrikum erfolgt das Umschalten allerdings nicht ganz so einfach. Erstens liegt im feldfreien Zustand gewöhnlich kein Kristall mit einheitlicher Richtung der spontanen Polarisation vor. Es ist vielmehr eine Aufspaltung in sog. Domänen zu beobachten (s. Abschn. 3.1), die in sich einheitlich, untereinander aber verschieden gepolt sind (im Falle unseres Modellkristalls parallel und antiparallel zur z-Achse). Als Folge davon kann der Schnittpunkt der Hysteresekurve mit der P-Achse etwas tiefer als bei $P = P^s$ liegen. Zur Bestimmung der spontanen Polarisation muß daher der lineare Teil der „Sättigungszweige" (bei A und F in Abb. 8) auf $E = 0$ extrapoliert werden.

Außerdem erfolgt das Umschalten nicht bei einer durch die Bindungsverhältnisse im Kristall allein definierten Feldstärke in einem im gesamten Körper gleichzeitig ablaufenden Prozeß, sondern durch Keimbildung und Keimwachstum. Hierauf gehen wir in Abschn. 4.1 näher ein. Es ist somit nicht möglich, ein Ferroelektrikum durch eine Koerzitivfeldstärke zu kennzeichnen, wenn dabei nicht nähere Angaben über die Meßtechnik gemacht werden.

1.2.5. Curiepunkt

Ein weiteres wesentliches Merkmal der Ferroelektrika besteht darin, daß die spontane Polarisation sehr stark von der Temperatur abhängt (im allg. mit steigender Temperatur fällt), und daß es einen Phasenumwandlungspunkt gibt, bei dem der Übergang in eine unpolare Phase erfolgt.

Wir nehmen an, daß unser Modell-(AB-)Kristall (Abb. 6) bei einer entsprechend hohen Anfangstemperatur kubisch sei und daß sich sowohl die Kationen als auch die Anionen in Symmetriezentren befinden, ihre Anordnung also durch Gitterkomplexe ohne Freiheitsgrad beschrieben wird. Ein solcher Kristall besitzt weder eine polare Achse noch Dipolmomente. Daher ist auch das mittlere innere Feld, das auf die Atome wirkt, gleich Null. Die A^+-Ionen besitzen demnach Potentialminima im Zentrum der Elementarzellen des B^--Ionen-Teilgitters. Hier führen sie Schwingungen um diese Gleichgewichtslage aus. Es ist aber auch der Fall möglich, daß die A^+-Ionen beiderseits der Mittelpunkte der B^--Zellen Potentialminima vorfinden, jedoch beliebig vom einen zum anderen überwechseln können, weil der Potentialwall ΔU zwischen beiden kleiner als kT ist (k ist die Boltzmann-Konstante). Mit abnehmender Temperatur verringert sich die thermische Energie. Wenn sie nicht mehr ausreicht, die Potentialminima zu überwinden, „frieren“ die A^+-Ionen in Lagen außerhalb der Zentren ein, und der Kristall kann eine spontane Polarisation erlangen. Damit verbunden ist eine Veränderung der Elementarzelle vom kubischen zum tetragonalen System, d. h. eine spontane Deformation.

Die Temperatur, bei der das geschieht, bezeichnet man wegen der Analogie zum Ferromagnetismus als Curiepunkt. Oberhalb dieser Temperatur nennt man den Kristall paraelektrisch. Beim KDP (Kaliumdihydrogenphosphat, KH_2PO_4) liegt der Curiepunkt bei $-151\,°C$, beim TGS (Triglyzinsulfat, $(NH_2CH_2COOH)_3 \cdot H_2SO_4$) bei $49\,°C$. Beispiel für eine Ausnahme hiervon ist das Seignettesalz, welches zwei Curiepunkte besitzt. Es ist nur zwischen $-18\,°C$ und $+24\,°C$ polar. — Bariumtitanat ($BaTiO_3$) hat seinen Curiepunkt bei $120\,°C$, es besitzt jedoch noch weitere Umwandlungspunkte bei $0\,°C$ und $-90\,°C$, wo sich allerdings nur die Richtung der spontanen Polarisation ändert. Es gibt jedoch auch Ferroelektrika, die in ihrem gesamten Existenzgebiet eine spontane Polarisation aufweisen. Hierzu gehört z. B. als typischer Vertreter das GASH (Guanidinaluminiumsulfathexahydrat, $C(NH_2)_3Al(SO_4)_2 \cdot 6H_2O$). Auch hier nimmt die spontane Polarisation mit steigender Temperatur ab. Vor Erreichen eines Umwandlungspunktes aber zersetzt sich diese Verbindung.

Man darf selbstverständlich nicht annehmen, daß sich das Auftreten der spontanen Polarisation bei allen Ferroelektrika durch so einfache Verschiebungen von Atomen beschreiben läßt wie bei unserem *AB*-Modellkristall. Die Phasenumwandlungen sind z. T. auf recht komplizierte, oft noch keineswegs vollständig aufgeklärte Ordnungsprozesse von Strukturelementen wie z. B. Ionen, Protonen von Wasserstoffbindungen, Radikalen oder von Ionenkomplexen zurückzuführen. Ausführlicher gehen wir auf diese Frage im 5. Kapitel ein.

Weil am Curiepunkt eine Umordnung von Strukturelementen erfolgt, sind die ferroelektrischen Kristalle in der Umgebung dieser Temperatur außerordentlich labil, was sich in einer großen Nachgiebigkeit gegenüber äußeren Einwirkungen zeigt. Das äußert sich in einer anomalen Temperaturabhängigkeit einiger physikalischer Eigenschaften, wie z. B. piezoelektrischer und elastischer Koeffizienten, der spezifischen Wärmekapazität, der Doppelbrechung, der Leitfähigkeit und vor allem der Dielektrizitätskonstanten (DK). Diese nimmt bei den normalen, linearen Dielektrika, aber auch bei den

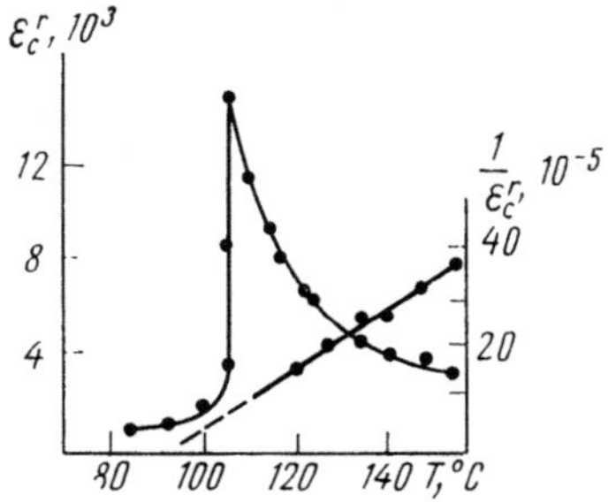

Abb. 9. Temperaturabhängigkeit der relativen DK ε_c^r sowie von $1/\varepsilon_c^r$ des Bariumtitanats

Ferroelektrika weit oberhalb des Curiepunktes, mit fallender Temperatur ab. In der Nähe eines ferroelektrischen Phasenumwandlungspunktes jedoch steigt die DK in der ferroelektrischen Richtung bei Temperaturerniedrigung steil an. Für die relative DK ε_r werden Maxima bis zur Größenordnung 10^5 erreicht. Als Beispiel ist in Abb. 9 die Temperaturabhängigkeit von ε_r und $1/\varepsilon_r$ für einen Bariumtitanateinkristall gezeigt. Sie läßt sich, ebenso wie bei den meisten anderen Ferroelektrika, in einem recht großen Temperaturbereich durch das Curie-Weisssche Gesetz beschreiben:

$$\varepsilon = \varepsilon^0 + \frac{C}{T - T^c}. \qquad (1.2.10)$$

Weil man das konstante Glied ε^0 oft gegenüber dem zweiten vernachlässigen kann, erhält man für $1/\varepsilon$ gewöhnlich eine lineare Temperaturabhängigkeit (Abb. 9). Man bezeichnet C als Curiekonstante, T^c als Curietemperatur.

1.2.6. Antiferroelektrika

Wie in Abschn. 1.2.1 gezeigt wurde, besitzt die Elementarzelle eines Dipolkristalls kein resultierendes elektrisches Moment, wenn sich die elektronischen Dipolmomente kompensieren und ein atomares fehlt. Wenn speziell die elektronischen Momente der einen Atomart

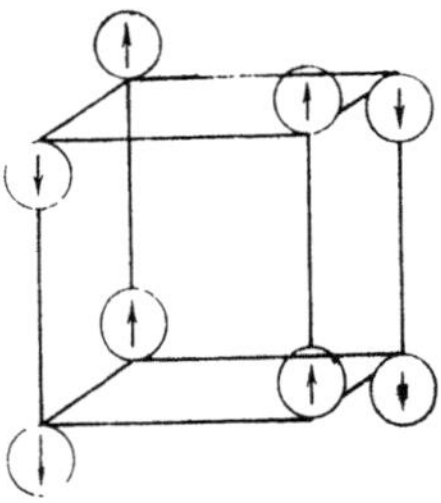

Abb. 10. Anordnung der Ionen in einem antiferroelektrischen Modellkristall

antiparallel zu denen der anderen sind, wie es schematisch in Abb. 10 gezeigt ist, so bezeichnen wir einen derartigen Kristall in Analogie zum Antiferromagnetismus als Antiferroelektrikum. Obwohl ein solcher Körper keine spontane Polarisation besitzt, kann er sich doch durch besondere physikalische, vor allem dielektrische Eigenschaften auszeichnen.

Ebenso wie bei den Ferroelektrika gibt es auch bei den Antiferroelektrika Phasenumwandlungen, die mit geringen Strukturänderungen und Symmetrieerniedrigungen verbunden sind. Es kommen Übergänge von der paraelektrischen in eine antiferroelektrische, von einer antiferroelektrischen in eine andere antiferroelektrische sowie von einer ferroelektrischen in eine antiferroelektrische Phase vor. Auch hier beobachtet man in der Nähe eines Umwandlungspunktes Anomalien in den physikalischen Eigenschaften, insbesondere den dielektrischen. Da ein Antiferroelektrikum keine spontane Polarisation besitzt, gibt es keine dielektrische Hysteresekurven nach Art der in Abb. 8 gezeigten. In einigen Fällen unterscheidet sich jedoch die freie Energie der antiferro-

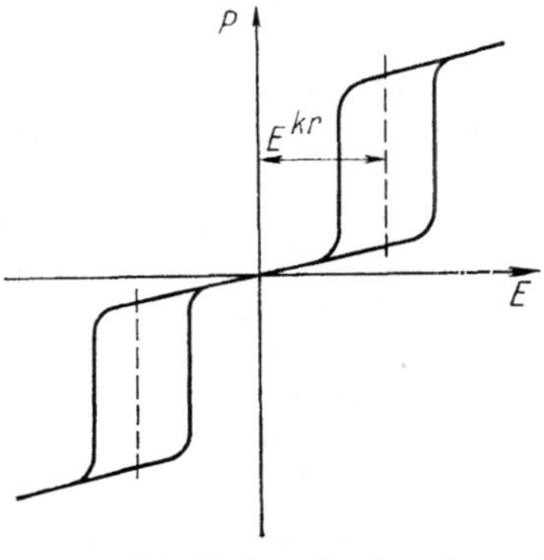

Abb. 11. Doppelhysteresekurve eines Antiferroelektrikums

elektrischen Phase nicht sehr viel von der einer ferroelektrischen, so daß sich ein Übergang in diese durch ein genügend starkes äußeres elektrisches Feld erzwingen läßt. Dabei kann man Doppelhystereseschleifen beobachten, wie in Abb. 11 dargestellt. Erreicht die Feldstärke den kritischen Wert E^{kr}, so erfolgt ein sprunghafter Übergang in den ferroelektrischen Zustand. Der umgekehrte Übergang dagegen findet bei einer kleineren Feldstärke statt. Derartige Doppelschleifen wurden bei Bleizirkonat ($PbZrO_3$) und einigen anderen Antiferroelektrika in der Nähe ihrer Curiepunkte beobachtet.

Weitere bekannte Antiferroelektrika sind Ammoniumdihydrogenphosphat ($NH_4H_2PO_4$), auch ADP genannt, und Natriumniobat ($NaNbO_3$).

1.3. Historisches; Einteilung der Ferroelektrika

1.3.1. Zur historischen Entwicklung

Im Jahre 1880 beobachteten die Gebrüder PIERRE und JAQUES CURIE an Seignettesalzkristallen, die ihren Namen dem Apotheker PIERRE DE LA SEIGNETTE aus La Rochelle verdanken, besonders starke Piezoelektrizität. POCKELS entdeckte an dieser Substanz den linearen elektrooptischen Effekt und dielektrische Anomalien in Richtung der kristallographischen a-Achse. Nachdem LANGEVIN vorgeschlagen hatte, Seignettesalzkristalle als elektromechanische Wandler für Ultraschallgeneratoren zur Ortung von Unterseebooten zu verwenden, wurden 1917 bis 1920 von ANDERSON, NICOLSON und CADY [9] die dielektrischen und piezoelektrischen Eigenschaften sehr sorgfältig untersucht. Dabei fand ANDERSON erstmalig Hysteresekurven. Der erste jedoch, der auf die Analogie in den dielektrischen Eigenschaften des Seignettesalzes in Richtung der a-Achse und den magnetischen der Ferromagnetika aufmerksam machte, war VALASEK [10]. Er wies auch auf die zwei Curiepunkte hin, bei denen Phasenumwandlungen erfolgen.

In den zwanziger Jahren fanden die ungewöhnlichen physikalischen Eigenschaften des Seignettesalzes das Interesse mehrerer Wissenschaftler. Von diesen wären besonders H. MÜLLER zu nennen, der zusammen mit CADY die Grundlagen für eine allgemeine phänomenologische, thermodynamische Theorie schuf [9], und W. P. MASON [11] in den USA sowie SHULVAS-SOROKINO und KURTSCHATOV, der zusammen mit KOBEKO eine erste mikroskopische Theorie ausgearbeitet hat, wobei als Ursache der spontanen Polarisation die Orientierung der Dipole des Kristallwassers angenommen wurde [8], in der UdSSR.

Die wichtigsten Fortschritte, die bis 1941 gemacht wurden, waren die Untersuchungen KURTSCHATOVS an festen Lösungen von Seignettesalz mit nicht ferroelektrischem, isomorphem Natriumammonium- und Natriumthalliumtartrat sowie weiterhin die Entdeckung der Ferroelektrizität beim KPD durch BUSCH und SCHERRER (1935) in der Schweiz. Außerdem ist hier die 1930 von SAWYER und TOWER [12] angegebene Schaltung zur oszillographischen Aufnahme der Hysteresekurven zu erwähnen (s. Abb. 45).

In den Jahren 1941 bis 1945 nahmen die Arbeiten zur Ferroelektrizität weiter zu, wobei ihre praktische Anwendung als Kondensatordielektrika im Vordergrund des Interesses stand. Hierfür waren jedoch die bisher bekannten Substanzen wegen ihrer geringen mechanischen Festigkeit und starken Löslichkeit wenig geeignet. Daher begann man in vielen Ländern, nach neuen Ferroelektrika bzw. Dielektrika zu suchen. Bei diesen Arbeiten wurden die ferroelektrischen Eigenschaften des Bariumtitanats entdeckt. Zwei weitere wichtige Ergebnisse aus dieser Zeit sind einmal die röntgenographische Aufklärung der Struktur des Seignettesalzes durch BEEVERS und HUGHES [13] und ihre Schlußfolgerung, daß die ferroelektrischen Eigenschaften dieses Kristalls mit der Ordnung von Protonen in Wasserstoffbindungen annähernd parallel zur ferroelektrischen a-Achse verbunden sind, sowie zum anderen die statistische Theorie des KDP von SLATER [14].

Die ferroelektrischen Eigenschaften des Bariumtitanats wurden fast gleichzeitig und unabhängig voneinander in der UdSSR durch WUL und GOLDMAN [15], in den USA durch WAINER, SOLOMON und HIPPEL sowie in Japan durch OGAWA entdeckt. Dieses Material erwies sich sowohl für wissenschaftliche Untersuchungen als auch für technische Anwendungen als außerordentlich günstig, da es einen genügend hohen Curiepunkt (ca 120 °C) und gute mechanische und chemische Eigenschaften besitzt. Dazu kommt, daß man hier die ferroelektrischen Eigenschaften nicht nur an Einkristallen nachweisen, untersuchen und ausnutzen kann, — die Einkristallzüchtung, besonders im Falle des $BaTiO_3$, stellt keine ganz einfache Aufgabe dar — sondern auch an polykristallinem, keramischen Material, das sich technologisch viel leichter herstellen und bearbeiten läßt. Anisotrope Eigenschaften lassen sich durch einen Polungsprozeß im elektrischen Feld induzieren.

Im Jahre 1945 wurde von GINZBURG [16] eine phänomenologische Theorie des Bariumtitanats auf der Grundlage der LANDAUschen Theorie der Phasenübergänge 2. Art ausgearbeitet. Etwas später veröffentlichte DEVONSHIRE [17] eine analoge Theorie, die jedoch von anderen Voraussetzungen ausging. Auf dieselbe Zeit gehen die ersten Versuche zurück, die ferroelektrischen Eigenschaften des $BaTiO_3$ mit seiner Struktur in Verbindung zu bringen. 1948 nahmen MASON und MATTHIAS [18] an, daß die spontane Polarisation mit der Verschiebung des Ti-Ions aus dem Zentrum des O-Oktaeders in eines von sechs Potentialminima in Richtung der Sauerstoffionen zusammenhinge. Jedoch weder diese Theorie der „lokalen Potentialminima" noch andere mikroskopische Modelle konnten die Eigenschaften des $BaTiO_3$ befriedigend beschreiben. Erst die Arbeiten von COCHRAN [19] auf der Basis der Gitterdynamik brachten dieses Problem einer Lösung näher (s. 5. Kapitel).

Bereits VALASEK und KURTSCHATOV schlossen aus der Analogie zum Ferromagnetismus auf die Existenz ferroelektrischer Domänen. Jedoch erst 1948 wurden diese beim Seignettesalz [20] und bei Bariumtitanateinkristallen [21] nachgewiesen. Die zahlreichen weiteren Untersuchungen auf diesem Gebiet galten der Bestimmung der Form und Größe der Domänen sowie ihrer Bewegung unter der Einwirkung elektrischer und mechanischer Spannungen. Als erster untersuchte

Merz 1954 den Umschaltprozeß an Bariumtitanateinkristallen [22].

Parallel zu diesen Arbeiten liefen in der Zeit nach 1945 weitere Untersuchungen zur Auffindung neuer Ferroelektrika. Dabei ging man einerseits von Verbindungen aus, die dem Seignettesalz und dem KDP ähnlich waren (Matthias, Pepinsky u. a.), wobei man heute so bekannte Substanzen wie das GASH (Guanidinaluminiumsulfathexahydrat), TGS (Triglyzinsulfat), viele Alaune, das Ammoniumhydrogensulphat (NH_4HSO_4) und einige Glyzinverbindungen fand. Andererseits suchte und fand man natürlich auch unter den Metalloxiden nach Art des Bariumtitanats neue Ferroelektrika. Heute kennt man weit über 100 ferroelektrische Kristalle, die noch zahlreicheren festen Lösungen nicht mitgerechnet [23].

Gleichzeitig mit der Ferroelektrizität des KDP fand Busch 1938 beim ADP (Ammoniumdihydrogenphosphat, $NH_4H_2PO_4$) bei $-125\,°C$ eine nichtferroelektrische Phasenumwandlung, die jedoch ebenfalls mit einer starken Anomalie der DK und der spezifischen Wärmekapazität verbunden ist. Nagamiya [24] wies 1952 darauf hin, daß sich hier die Protonen der Wasserstoffbindungen so verschieben, daß annähernd antiparallele Dipolketten gebildet werden. Bereits früher (1951) hat Kittel [25] derartige Erscheinungen in Analogie zum Antiferromagnetismus als Antiferroelektrizität bezeichnet und eine thermodynamische Theorie der antiferroelektrischen Phasenumwandlung aufgestellt. Im selben Jahr wurde eine solche Umwandlung am Bleizirkonat ($PbZrO_3$) bei $235\,°C$ gefunden [26]. Die Untersuchungen zur Antiferroelektrizität sind jedoch keineswegs so zahlreich wie auf dem Gebiet der Ferroelektrizität. Man spricht zwar oft von antiferroelektrischen Phasenumwandlungen, wenn die Struktur der betreffenden Substanzen derjenigen von Ferroelektrika verwandt ist und der Übergangspunkt mit einer dielektrischen Anomalie verbunden ist, ohne daß sich jedoch eine spontane Polarisation nachweisen läßt. Exakt nachweisen kann man aber die Antiferroelektrizität nur durch mikroskopische Strukturuntersuchungen. Eine eindeutige makroskopische Definition gibt es nicht.

Parallel zu all diesen Untersuchungen nahm die Zahl der Arbeiten mit den verschiedensten technischen Zielsetzungen ständig zu. Heute verwendet man Ferroelektrika hauptsächlich als lineare und nichtlineare Kondensatorwerkstoffe [31] sowie als elektromechanische Wandler [32]. Dazu kommen aber weitere Möglichkeiten als Speicherelemente [27], autothermostatisierende dielektrisch nichtlineare Elemente [28] (TANDEL), thermoelektrische Wandler [29], elektrooptische und nichtlinear optische Elemente [30] und andere.

1.3.2. Klassifizierung der Ferroelektrika

Es ist beim gegenwärtigen Stand der Entwicklung auf dem Gebiet der Ferroelektrizität nicht möglich, eine eindeutige Klassifizierung zu empfehlen, die sämtliche Eigenschaften berücksichtigt. Wir werden hier hauptsächlich eine kristallphysikalische Einteilung in zwei Typen und vier Klassen verwenden, wie sie aus der folgenden Übersicht zu ersehen ist:

	Typ 1		Typ 2	
Merkmale der Bezugsphase	zentrosymmetrisch (nicht piezoelektrisch, kein POCKELS-Effekt)		nichtzentrosymmetrisch (piezoelektrisch, POCKELS-Effekt)	
der polaren Phase	*Klasse 1* vielachsig	*Klasse 2* einachsig	*Klasse 3* vielachsig	*Klasse 4* einachsig
Beispiele	Ferroelektrika vom Perowskittyp (z. B. $BaTiO_3$)	TGS $LiNbO_3$	$CH_3(NH_3)Al(SO_4)_2 \cdot 12H_2O$	Seignette-salz KDP

Unter den hier verwendeten Gesichtspunkten kann man jedes Ferroelektrikum einem Typ und einer Klasse zuordnen, auch dann, wenn die paraelektrische Bezugsphase nicht existiert. Ob diese nämlich piezoelektrisch ist oder nicht, erkennt man daran, ob die spontane Deformation, die mit der spontanen Polarisation einhergeht, mit dieser das Vorzeichen wechselt (s. 3. Kapitel).

Die Frage der ferroelektrischen Ein- bzw. Vielachsigkeit läßt sich ebenfalls von der Bezugsphase aus vorhersagen. Nur dann kann die spontane Polarisation in verschiedenen Richtungen auftreten, wenn es in der Bezugsphase mehrere gleichwertige kristallographische Richtungen gibt. — Die zu den verschiedenen Klassen gehörenden Ferroelektrika unterscheiden sich sehr wesentlich in ihrer Domänenstruktur.

Eine andere, kristallchemische Einteilung werden wir im 5. Kapitel verwenden, wo wir uns mit der Struktur der Ferroelektrika und der Natur der spontanen Polarisation befassen.

2. Phänomenologische Theorie der Ferroelektrika

2.1. Thermodynamische Funktionen und Phasenübergänge

2.1.1. Potentialfunktionen, Zustandsgrößen, Stoffgrößen

Der Gleichgewichtszustand eines Kristalls läßt sich ebenso wie der eines beliebigen anderen thermodynamischen Systems durch eine endliche Anzahl innerer und äußerer Parameter beschreiben. Bei Kristallen, die mechanischen und elektrischen Einwirkungen unterliegen, verwendet man hierfür die folgenden Zustandsgrößen:

Äußere Parameter	Innere Parameter
(intensive Zustandsgrößen)	(extensive Zustandsgrößen)
Temperatur T (Skalar)	Entropie S (Skalar)
mechanische Spannung T_{mn}	mechanische Dehnung S_{mn}

(symmetrische Tensoren 2. Stufe, 6 unabhängige Komponenten)

elektrische Feldstärke E_m	elektrische Polarisation P_m

(Vektoren, 3 Komponenten)

Die T_{mn} und E_m bezeichnet man auch als thermodynamische Kräfte f_i, die S_{mn} und P_m als thermodynamische Koordinaten h_i.

Aus den beiden Hauptsätzen der Wärmelehre folgt, daß sich für ein thermodynamisches System die Änderung der inneren Energie U (bezogen auf die Volumeneinheit) durch die Zustandsgrößen ausdrücken läßt [35]:

$$\mathrm{d}U = T\,\mathrm{d}S + \sum_i f_i\,\mathrm{d}h_i. \tag{2.1.1}$$

Das erste Glied beschreibt die je Volumeneinheit reversibel zugeführte Wärme, das zweite die Arbeit $\mathrm{d}W$, die sich in unserem Falle aus zwei Anteilen zusammensetzt, der mechanischen

$$\mathrm{d}W^{\mathrm{mech}} = T_{mn}\,\mathrm{d}S_{mn} \tag{2.1.2}$$

und der elektrischen

$$\mathrm{d}W^{\mathrm{el}} = E_m\,\mathrm{d}P_m. \tag{2.1.3}$$

Bei dieser Schreibweise machen wir von der Summationsvereinbarung Gebrauch: Es ist über alle Indizes zu summieren, die in einem Glied zweimal vorkommen. So lautet z. B. Gl. (2.1.2) vollständig ausgeschrieben:

$$\begin{aligned}\mathrm{d}W^{\mathrm{mech}} = {} & T_{11}\,\mathrm{d}S_{11} + T_{22}\,\mathrm{d}S_{22} + T_{33}\,\mathrm{d}S_{33} \\ & + 2T_{12}\,\mathrm{d}S_{12} + 2T_{23}\,\mathrm{d}S_{23} + 2T_{13}\,\mathrm{d}S_{13}.\end{aligned}$$

Hierbei wurde die Symmetrie des Spannungs- und Dehnungstensors berücksichtigt: $T_{mn} = T_{nm}$.

In unserem Fall gilt also für die Änderung der inneren Energie:

$$\mathrm{d}U = T\,\mathrm{d}S + T_{mn}\,\mathrm{d}S_{mn} + E_m\,\mathrm{d}P_m.$$

Das ist das totale Differential der Potentialfunktion $U(S, S_{mn}, P_m)$. Die abhängigen Zustandsgrößen, die ebenfalls Funktionen sämtlicher unabhängigen Variablen sind und sich bei normalen Kristallen durch lineare Zustandsgleichungen ausdrücken lassen, erhält man durch die partiellen Ableitungen

$$T = \frac{\partial U}{\partial S}, \quad T_{mn} = \frac{\partial U}{\partial S_{mn}}, \quad E_m = \frac{\partial U}{\partial P_m}.$$

Will man andere Zustandsgrößen als unabhängige Variable verwenden, so erhält man die entsprechenden Potentialfunktionen aus der inneren Energie durch eine LEGENDREsche Transformation [35]. Will man z. B. statt der Entropie die Temperatur als unabhängige thermische Zustandsgröße verwenden, so ist die freie Energie

$$F(T, S_{mn}, P_m) = U - TS$$

die entsprechende Potentialfunktion, deren Differential

$$\mathrm{d}F = \mathrm{d}(U - TS) = -S\,\mathrm{d}T + T_{mn}\,\mathrm{d}S_{mn} + E_m\,\mathrm{d}P_m \qquad (2.1.4)$$

lautet. In analoger Weise können wir bilden:

$$G_1(T, T_{mn}, P_m) = U - TS - T_{mn}S_{mn}$$

(freie elastische Enthalpie)

$$\mathrm{d}G_1 = -S\,\mathrm{d}T - S_{mn}\,\mathrm{d}T_{mn} + E_m\,\mathrm{d}P_m; \qquad (2.1.5\,\mathrm{a})$$

$$G_2(T, S_{mn}, E_m) = U - TS - E_m P_m$$

(freie elektrische Enthalpie)

$$\mathrm{d}G_2 = -S\,\mathrm{d}T + T_{mn}\,\mathrm{d}S_{mn} - P_m\,\mathrm{d}E_m; \qquad (2.1.5\,\mathrm{b})$$

$$G(T, T_{mn}, E_m) = U - TS - T_{mn}S_{mn} - E_mP_m$$

(freie Enthalpie, GIBBSsche Funktion)

$$\mathrm{d}G = -S\,\mathrm{d}T - S_{mn}\,\mathrm{d}T_{mn} - P_m\,\mathrm{d}E_m. \qquad (2.1.5\mathrm{c})$$

Da von den 9 Komponenten des Spannungs- und Dehnungstensors wegen ihrer Symmetrie nur 6 voneinander unabhängig sind, beschreibt man bei experimentellen Untersuchungen die Spannung und Dehnung meist durch einzeilige bzw. einspaltige Matrizen mit 6 Komponenten T_i und $S_i (i = 1, \ldots, 6)$:

$$T_1 = T_{11}, T_2 = T_{22}, T_3 = T_{33}, T_4 = T_{23} = T_{32},$$
$$T_5 = T_{13}, T_6 = T_{12},$$
$$S_1 = S_{11}, S_2 = S_{22}, S_3 = S_{33}, S_4 = 2S_{23}, S_5 = 2S_{13},$$
$$S_6 = 2S_{12}.$$

Die Zustandsgrößen, d. h. die ersten partiellen Ableitungen der Potentialfunktionen, kann man experimentell direkt messen. Ebenso lassen sich die höheren Ableitungen bestimmen, die man, weil sie durch die Eigenschaften des Kristalls bestimmt sind, als Stoffgrößen bezeichnet. Das Potential selbst erhält man durch Integration der Zustandsgleichungen. Natürlich liefert das keine zusätzlichen Kenntnisse über die Eigenschaften des Kristalls. Aus der Tatsache der Existenz der Potentialfunktion kann man jedoch auf Beziehungen zwischen verschiedenen physikalischen Eigenschaften schließen.

Wenn z. B. ein Kristall piezoelektrisch ist, d. h. wenn durch eine mechanische Spannung eine proportionale Polarisation erzeugt wird,

$$P_m = d'_{mi}T_i + \chi_{mn}E_n \qquad (2.1.6\mathrm{a})$$

(d'_{mi} ist der Piezomodul, χ_{mn} die dielektrische Suszeptibilität, gemessen bei konstanter Spannung und Temperatur), so gibt es neben diesem direkten auch den reziproken piezoelektrischen Effekt, d. h. eine Dehnung als Folge eines angelegten elektrischen Feldes:

$$S_j = s_{ij} T_i + d''_{mi} E_m \qquad (2.1.6\,\mathrm{b})$$

(s_{ij} ist die elastische Nachgiebigkeit, gemessen bei konstanter elektrischer Feldstärke und Temperatur). Schreiben wir d'_{mi} als partielle Ableitung von (2.1.6a) bzw. (2.1.5c), so finden wir:

$$d'_{mi} = \frac{\partial P_m}{\partial T_i} = -\frac{\partial^2 G}{\partial E_m \partial T_i} = -\frac{\partial^2 G}{\partial T_i \partial E_m} = \frac{\partial S_i}{\partial E_m} = d''_{mi}.$$

Der direkte und der reziproke Piezoeffekt werden also durch dieselbe Stoffgröße beschrieben. Auf dieselbe Weise erhält man eine ganze Reihe weiterer Beziehungen zwischen Stoffgrößen, die verschiedenartige Zustandsgrößen miteinander in Beziehung setzen [4].

Falls die Zustandsgrößen durch lineare Zustandsgleichungen wie z. B. (2.1.6a und b) miteinander verbunden sind, kann man die entsprechende Potentialfunktion durch die unabhängigen Zustandsgrößen und die Stoffgrößen ausdrücken. So gilt z. B. für die freie Enthalpie (2.1.5c):

$$G = G^0 - \frac{1}{2} s_{ij} T_i T_j - \frac{1}{2} \chi_{mn} E_m E_n - d_{mj} E_m T_j, \qquad (2.1.7)$$

wenn wir nur die Abhängigkeit von den mechanischen und elektrischen Zustandsgrößen berücksichtigen. Ganz entsprechend erhalten wir

$$F = F^0 + \frac{1}{2} c_{ij} S_i S_j + \frac{1}{2} \beta_{mn} P_m P_n + h_{mj} P_m S_j \qquad (2.1.8)$$

$$G_1 = G_1{}^0 - \frac{1}{2} s_{ij} T_i T_j + \frac{1}{2} \beta_{mn} P_m P_n - g_{mj} P_m T_j \qquad (2.1.9)$$

$$G_2 = G_2{}^0 + \frac{1}{2} c_{ij} S_i S_j - \frac{1}{2} \chi_{mn} E_m E_n - e_{mj} E_m S_j. \qquad (2.1.10)$$

In diesen Gleichungen ist die Bedeutung der Stoffgrößen unterschiedlich, auch wenn sie z. T. mit denselben Symbolen (c_{ij}, s_{ij}, β_{mn}, χ_{mn}) bezeichnet sind. Sie stellen partielle Ableitungen von abhängigen nach unabhängigen Zustandsgrößen dar, wobei alle übrigen unabhängigen Variablen konstant zu halten sind.

Die Potentialfunktionen und die Zustandsgleichungen müssen gegenüber Symmetrietransformationen, wie sie durch die Punktgruppe (Kristallklasse) des Kristalls bestimmt sind, invariant bleiben. Dadurch wird die Form der Stoffgrößenmatrizen bestimmt. Somit kann ein Teil der s_{ij}, χ_{mn}, d_{mi} usw. gleich Null sein, zwischen anderen können bestimmte Beziehungen bestehen [4]. Außerdem kann man die in (2.1.7 bis 10) vorkommenden Stoffgrößen ineinander umrechnen. Später werden wir noch andere lineare Effekte (z. B. Pyroelektrizität) und nichtlineare Effekte (z. B. Elektrostriktion) zu berücksichtigen haben [11].

2.1.2. Phasenumwandlung erster Ordnung

Unter einer Phase verstehen wir ein makroskopisch homogenes System, das von seiner Umgebung durch eine Grenz- bzw. Oberflächenschicht abgegrenzt ist. Wie wir in Abschn. 1.2.5 gesehen haben, unterscheiden sich die verschiedenen kristallinen Modifikationen — Phasen — eines Festkörpers in ihrer Struktur. Wenn sich die äußeren Parameter (Temperatur, mechanische Spannung bzw. Druck, elektrische Feldstärke) stetig ändern, so kann eine andere Anordnung der Strukturelemente des Kristallgitters energetisch günstiger werden und eine sog. polymorphe Phasenumwandlung stattfinden. Wohlbekannte Beispiele hierfür sind z. B. die Umwandlungen Diamant-Graphit, weißes — graues Zinn, rhombischer — monokliner Schwefel.

Man kann diese Umwandlungen in zwei Typen einteilen. Phasenumwandlungen erster Ordnung sind mit einer Umwandlungswärme sowie einer sprunghaften Änderung des Volumens und anderer Zustandsgrößen begleitet. Hierzu behören als typische Beispiele auch die Aggregatzustandsänderungen wie Schmelzen — Kristallisieren, Verdampfen — Sublimieren. Bei Phasenumwandlungen zweiter Ordnung fehlen die Umwandlungswärme und sprunghafte Änderungen in den Zustandsgrößen.

An einem Phasenumwandlungspunkt gilt für den Druck p (durch die mechanische Spannung ausgedrückt: $T_1 = T_2 = T_3 = -p$, $T_4 = T_5 = T_6 = 0$) und die Temperatur T (von elektrischen Zustandsänderungen sehen wir zunächst ab):

$$p^{(1)} = p^{(2)},\ T^{(1)} = T^{(2)},\ G^{(1)} = G^{(2)},$$

wobei mit den oberen Indizes die beiden Phasen gekennzeichnet sind. Bilden wir von der letzten Gleichung das Differential:

$$\frac{\partial G^{(1)}}{\partial T}\,\mathrm{d}T + \frac{\partial G^{(1)}}{\partial p}\,\mathrm{d}p = \frac{\partial G^{(2)}}{\partial T}\,\mathrm{d}T + \frac{\partial G^{(2)}}{\partial p}\,\mathrm{d}p,$$

und berücksichtigen wir Gl. (2.1.5c), d. h. daß

$$\frac{\partial G}{\partial T} = -S$$

die Entropie und (wegen $\partial T_m/\partial p = -1$)

$$\frac{\partial G}{\partial p} = \frac{\partial G}{\partial T_m}\frac{\partial T_m}{\partial p} = S_1 + S_2 + S_3 = \frac{\Delta V}{V}$$

die relative Volumenänderung bedeuten, so erhalten wir die CLAUSIUS-CLAPEYRONsche Gleichung:

$$\frac{\mathrm{d}p}{\mathrm{d}T} = \frac{S^{(1)} - S^{(2)}}{(V^{(1)} - V^{(2)})/V}. \qquad (2.1.12)$$

Sie stellt eine Differentialgleichung für die Beziehung zwischen denjenigen Werten von Druck und Temperatur dar, bei denen beide Phasen nebeneinander beständig sind. Eine analoge Beziehung erhält man, wenn man den Druck konstant läßt, dafür aber elektrische Zustandsänderungen erlaubt:

$$\frac{\mathrm{d}E}{\mathrm{d}T} = \frac{S^{(1)} - S^{(2)}}{P^{(1)} - P^{(2)}}.$$

In Abb. 12 ist die Abhängigkeit der freien Enthalpien beider Phasen in Abhängigkeit von der Temperatur schematisch aufgetragen. Der Schnittpunkt entspricht dem Umwandlungspunkt. Wie man sieht, erleidet hier $\partial G/\partial T$, d. h. die Entropie, einen Sprung, was sich als

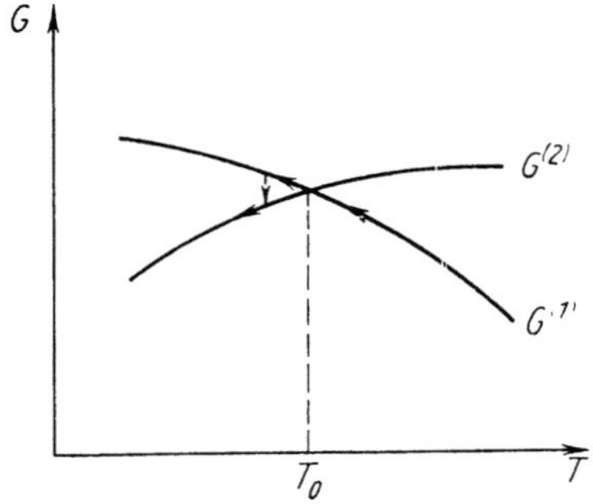

Abb. 12. Temperaturabhängigkeit der freien Enthalpien $G^{(1)}$ und $G^{(2)}$ zweier Phasen in der Umgebung einer Phasenumwandlung erster Ordnung (die Pfeile kennzeichnen eine Unterkühlung)

Umwandlungswärme manifestiert. Da so lange, wie beide Phasen existieren, die zugeführte Wärme nur eine weitere Umwandlung, jedoch keine Temperaturerhöhung bewirkt, ist die spezifische Wärmekapazität unendlich groß.

Für Phasenumwandlungen erster Ordnung charakteristisch ist das Auftreten überhitzter und unterkühlter, metastabiler Phasen. Gewöhnlich erfolgt beim Erwärmen die Umwandlung bei einer etwas höheren, beim Abkühlen bei einer etwas tieferen Temperatur als T^0, der Umwandlungstemperatur (Temperaturhysterese). Das ist darauf zurückzuführen, daß für das Auftreten der neuen Phase ein Keimbildungsprozeß erforderlich ist. Die Wahrscheinlichkeit dafür hängt von der Umwandlungswärme und der Grenzflächenspannung zwischen beiden Phasen ab.

2.1.3. Phasenumwandlung zweiter Ordnung

Wenn am Phasenübergangspunkt die ersten Ableitungen der freien Enthalpie, d. h. die abhängigen Zustandsgrößen, keinen Sprung erleiden, bezeichnen wir die Umwandlung als Phasenumwandlung zweiter Ordnung. Hier können sich aber die zweiten Ableitungen, d. h. die Stoffgrößen sprunghaft ändern, wie z. B. die spezifische Wärmekapazität c, die Ausdehnungskoeffizienten $\alpha_i = \partial S_i/\partial T$, die elastischen Nachgiebigkeiten $s_{ij} = \partial S_i/\partial T_j$. Am Umwandlungspunkt selbst sind beide Phasen nicht voneinander zu unterscheiden. Eine Unterkühlung bzw. Überhitzung, d. h. metastabile Phasen, kann es nicht geben.

Bei einer Phasenumwandlung zweiter Ordnung ändert sich die Anordnung der Atome im Kristall stetig. Weil das am Umwandlungspunkt mit einer Symmetrieänderung verbunden ist, kann man bei jeder Temperatur angeben, in welcher Phase sich der Kristall befindet. Somit ändert sich die Symmetrie sprunghaft. Das kann natürlich auch durch einen Ordnungsvorgang innerhalb des Kristalls bedingt sein. Zu seiner Beschreibung führte LANDAU einen weiteren inneren Parameter, den sog. Ordnungsparameter bzw. — wie man ihn heute im allg. bezeichnet — Umwandlungsparameter η ein [36]. Dieser kann im einfachsten Falle gleich der Verschiebung der Atome in der Tieftemperaturphase sein, gemessen von der Lage in der Hochtemperaturphase, wo $\eta = 0$ ist. — Es sei bereits hier bemerkt, daß man mit Hilfe eines Umwandlungsparameters auch Phasenübergänge erster Ordnung beschreiben kann (s. Abschn. 2.1.4).

Wenn die freie Enthalpie als Funktion von T, T_i und η bekannt ist, so gilt für das thermodynamische Gleichgewicht die Minimumbedingung

$$\frac{\partial G}{\partial \eta} = 0; \quad \frac{\partial^2 G}{\partial \eta^2} > 0. \tag{2.1.14}$$

Hieraus läßt sich der Gleichgewichtswert von η bestimmen. — Der Ableitung von G nach η entspricht keine physikalische Größe, sofern es für den inneren Parameter η keinen konjugierten äußeren gibt. — Setzen wir den aus (2.1.14) bestimmten Gleichgewichtswert η (T, T_i) in G ein, so ist die freie Enthalpie nur noch Funktion von Temperatur und mechanischer Spannung bzw. Druck.

In der Umgebung des Umwandlungspunktes können wir uns $G(\eta)$ in eine Reihe entwickelt denken:

$$G = G^0 + \alpha\eta + A^*\eta^2 + \beta\eta^3 + B\eta^4 + \ldots \tag{2.1.15}$$

Darin ist G^0 die freie Enthalpie für $\eta = 0$. Sie hängt, ebenso wie die Koeffizienten α, A^*, β und B, von der Temperatur und vom Druck bzw. von der mechanischen Spannung ab. Weil die freie Enthalpie am Phasenumwandlungspunkt einen singulären Punkt besitzt, ist die Möglichkeit einer solchen Entwicklung nicht ohne weiteres offensichtlich [36]. Wie weit sie verwendet werden kann, läßt sich nur durch den Vergleich zwischen Theorie und Experiment entscheiden.

Aus der Bedingung (2.1.14) folgt unmittelbar $\alpha \equiv 0$ und $\beta = 0$. Damit erhält unsere Entwicklung die Form:

$$G = G^0 + A^*\eta^2 + B\eta^4 + \ldots \tag{2.1.16}$$

In der ungeordneten Phase oberhalb der Umwandlungstemperatur liegt das Minimum von G stets bei $\eta = 0$.

Dabei müssen aber A^* und $B > 0$ sein. Unterhalb des Phasenüberganges soll $\eta \neq 0$ sein. Das ist bei $B > 0$ nur möglich, wenn hier $A^* < 0$ ist. Bei $T = T^0$ muß also A^* das Vorzeichen wechseln. Man kann daher annehmen, daß in erster Näherung eine Beziehung der Art

$$A^*(T) = A(T - T^c)$$

die richtige Beschreibung liefert. Demgegenüber kann man bei dem Koeffizienten B mit einer schwachen Temperaturabhängigkeit rechnen. In Abb. 13 ist $G - G^0$

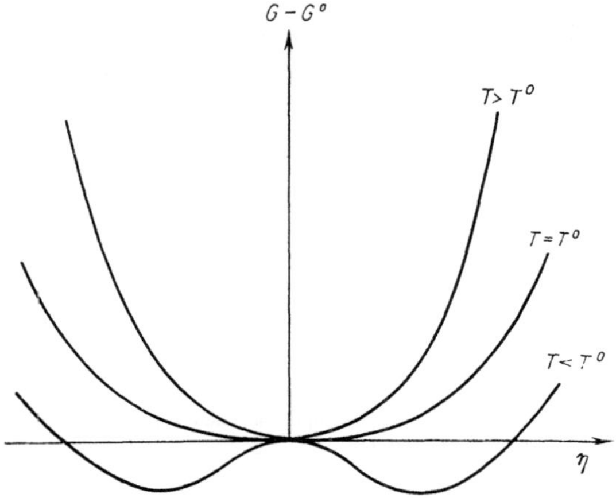

Abb. 13. **Abhängigkeit der freien Enthalpie $G - G^0$ vom Ordnungsparameter η bei einer Phasenumwandlung zweiter Ordnung**

als Funktion des Ordnungsparameters für drei verschiedene Temperaturen graphisch dargestellt. Unterhalb des Umwandlungspunktes $T^0 = T^c$ erhält man aus (2.1.16) und (2.1.14) für die Minima

$$\eta = \pm \left(\frac{A(T^c - T)}{2B} \right)^{1/2}. \qquad (2.1.17)$$

Die Temperaturabhängigkeit dieser Gleichgewichtswerte zeigt Abb. 14.

Für die Entropie erhalten wir aus (2.1.16)

$$S = -\frac{\partial G}{\partial T} = S^0 - \frac{\partial A^*}{\partial T}\eta^2, \tag{2.1.17a}$$

wobei $S^0 = -\partial G^0/\partial T$ den von η unabhängigen Anteil bedeuet. Unterhalb des Umwandlungspunktes ergibt sich mit (2.1.17)

$$S = S^0 - \frac{A^2(T^c - T)}{2B}. \tag{2.1.18}$$

Sie ändert sich bei $T = T^c$ stetig, wie es für eine Umwandlung zweiter Ordnung der Fall sein muß. Durch

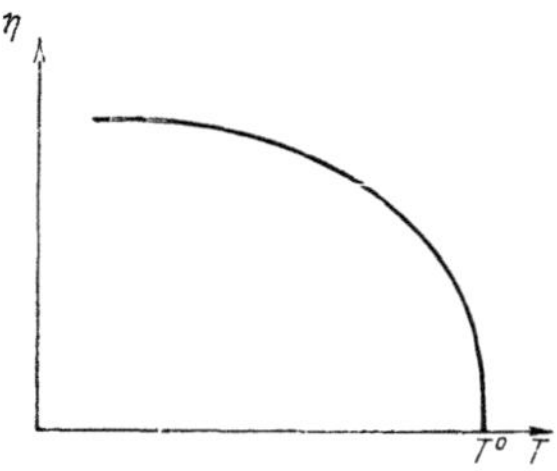

Abb. 14. Temperaturabhängigkeit des Ordnungsparameters für eine Phasenumwandlung zweiter Ordnung

Differentation nach der Temperatur und Multiplikation mit T^0 erhalten wir die Wärmekapazität am Umwandlungspunkt:

$$c = T^c \frac{\partial S}{\partial T} = c^0 + \frac{A^2 T^c}{2B}.$$

Das zweite Glied stellt den Sprung dar, den diese Größe beim Phasenübergang erleidet. Weil $B > 0$ sein muß, ist die Wärmekapazität der geordneten Phase stets größer als die der ungeordneten.

2.1.4. Phasenumwandlung in der Nähe eines kritischen Curiepunktes

Wie wir sahen, ist ein Phasenumwandlungspunkt zweiter Ordnung durch die Bedingung $A^*(T, p) = 0$ gekennzeichnet (wenn wir den Druck als unabhängige mechanische Variable betrachten). Dadurch ist das $p(T)$-Phasendiagramm bzw. die Umwandlungskurve bestimmt. — Wenn in (2.1.15) β nicht identisch verschwindet, so kann es nur einen isolierten Punkt für einen stetigen Phasenübergang geben, der durch die Bedingungen

$$A^*(T, p) = 0; \beta(T, p) = 0$$

bestimmt ist.

Wie bereits erwähnt, gibt es noch Phasenumwandlungen erster Ordnung, die sich mit einem Ordnungs- bzw. Umwandlungsparameter beschreiben lassen. In diesem Falle ist $B < 0$. Deshalb muß man die freie Enthalpie bis zu Gliedern sechster Ordnung entwickeln:

$$G = G^0 + A(T - T^c)\eta^2 + B\eta^4 + C\eta^6. \qquad (2.1.19)$$

Diese Funktion ist in Abb. 15 für einige Temperaturen graphisch dargestellt. Wie man daraus erkennt, erfolgt hier der Phasenübergang nicht bei $T = T^c$. Als Umwandlungspunkt T^0 wird man die Temperatur annehmen, bei der sowohl $\partial G/\partial \eta = 0$ als auch $G(p, T, \eta_0) = G(p, T, 0)$ ist. Somit erhalten wir aus (2.1.14) und (2.1.19):

$$2A(T^0 - T^c)\eta_0 + 4B\eta_0^3 + 6C\eta_0^5 = 0$$

und

$$A(T^0 - T^c)\eta_0^2 + B\eta_0^4 + C\eta_0^6 = 0.$$

Daraus folgt:

$$\eta_0^2 = -\frac{B}{2C}; \; T^0 - T^c = \frac{B^2}{4AC}. \qquad (2.1.20)$$

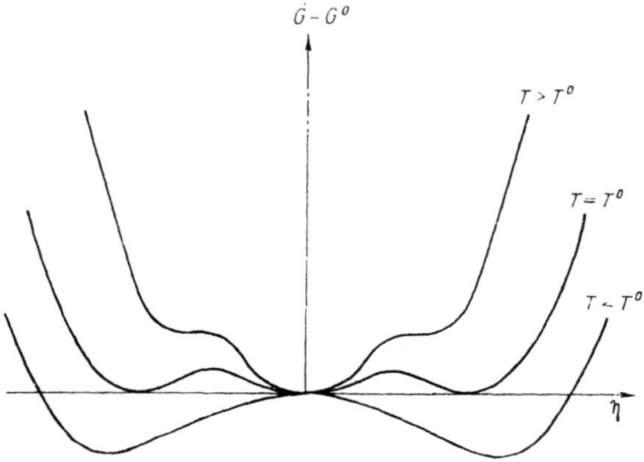

Abb. 15. Abhängigkeit der freien Enthalpie $G - G^0$ vom Ordnungsparameter η bei einer Phasenumwandlung erster Ordnung

Hier ändert sich also η am Umwandlungspunkt sprunghaft vom Wert Null auf η_0. Für die Temperaturabhängigkeit des Ordnungsparameters ergibt sich

$$\eta^2 = \frac{-B + \sqrt{B^2 - 4AC(T - T^c)}}{3C},$$

die sich auch in der Form

$$\eta^2 = -\frac{B}{3C}\left[1 + \left(1 - \frac{3}{4}\left(\frac{T - T^c}{T^0 - T^c}\right)\right)^{1/2}\right] \quad (2.1.21)$$

schreiben läßt. Sie ist in Abb. 16 graphisch dargestellt.

Wenn der Koeffizient B in Gl. (2.1.19) gleich Null ist, spricht man von einem „kritischen Curiepunkt". Es kann auch der Fall eintreten, daß eine Umwandlung zweiter Ordnung über einen kritischen Curiepunkt in eine Umwandlung erster Ordnung übergeht, wenn $B(T, p)$ bei einem bestimmten Druck das Vorzeichen wechselt. Eine Phasenumwandlung erster Ordnung in der Nähe eines kritischen Curiepunktes, wie sie durch Gleichung (2.1.19) beschrieben wird, unterscheidet sich wesentlich von den allgemeinen Umwandlungen erster Ordnung, die in 2.1.2) behandelt wurden. Die Eigenschaften eines Kristalls lassen sich beiderseits eines Phasenumwandlungspunktes nur dann durch ein und dieselbe Potential-

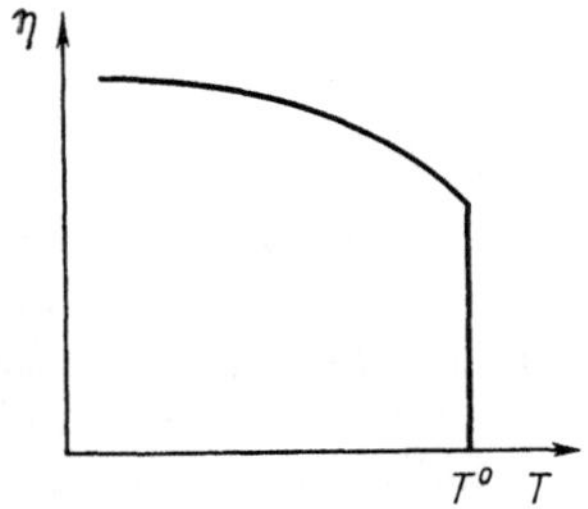

Abb. 16. Temperaturabhängigkeit des Ordnungsparameters für eine Phasenumwandlung erster Ordnung

funktion beschreiben, wenn die Symmetrieeigenschaften unmittelbar auseinander hervorgehen. Vom mikroskopischen Standpunkt aus bedeutet dies, daß die geordnete Phase aus der ungeordneten durch eine außerordentlich kleine — obwohl endliche — Verzerrung des Gitters hervorgeht (s. 5. Kapitel). Bei allgemeinen Umwandlungen erster Ordnung gibt es eine solche Einschränkung nicht, da jede Phase durch ihre eigene Funktion für die freie Enthalpie beschrieben wird.

2.2. Thermodynamische Theorie der Phasenumwandlungen in einachsigen Ferroelektrika

2.2.1. *Die spontane Polarisation als Ordnungsparameter*

Wie im ersten Kapitel gezeigt wurde, besteht eine charakteristische Eigenschaft der Ferroelektrika darin, daß sie einen Curiepunkt (Phasenumwandlungspunkt) besitzen, bei dessen Erreichen bzw. Unterschreiten eine Polarisation $\boldsymbol{P}^s$ auftritt. Deshalb kann man diese Größe als Ordnungsparameter in der allgemeinen LANDAUschen Theorie der Phasenumwandlung verwenden, um die ferroelektrische Phasenumwandlung zu beschreiben. Darin besteht die Grundlage der thermodynamischen Theorie der Ferroelektrizität von GINZBURG [7]. Da jetzt der Ordnungsparameter eine vektorielle Größe mit den Komponenten P_m ist, müssen wir ersetzen

$$A\eta^2 \text{ durch } A_{mn}P_mP_n\,,$$

$$B\eta^4 \text{ durch } B_{mnop}P_mP_nP_oP_p\,,$$

usw., wobei die A_{mn} und B_{mnop} Tensoren zweiter bzw. vierter Stufe sind. Ihre Symmetrie muß derjenigen der paraelektrischen Phase entsprechen. Glieder ungerader Ordnung brauchen wir nicht zu berücksichtigen, weil sich die thermodynamische Potentialfunktion (die freie elastische Enthalpie) nicht ändern darf, wenn wir $+P$ durch $-P$ ersetzen. Damit erhalten wir:

$$G_1 = G_1^0 + A_{mn}P_mP_n + B_{mnop}P_mP_nP_oP_p + C_{mnopqr}P_mP_nP_oP_pP_qP_r + \dots \qquad (2.2.1)$$

Unterhalb des Phasenumwandlungspunktes stellt sich die Richtung der spontanen Polarisation so ein, daß G_1 den kleinsten aller möglichen Werte annimmt. Dadurch wird dann die Symmetrie der polaren Phase bestimmt.

In ferroelektrischen Kristallen hat der Ordnungsparameter also eine makroskopische physikalische Bedeutung, indem er mit einem inneren Parameter des Kristalls — der spontanen Polarisation — identisch ist. Somit entsprechen in diesem Falle auch die Ableitungen der thermodynamischen Potentialfunktion nach dem Ordnungsparameter makroskopischen physikalischen Größen, nämlich

$$\frac{\partial G_1}{\partial P_m} = E_m \quad \text{der elektrischen Feldstärke,}$$

$$\frac{\partial^2 G_1}{\partial P_m \partial P_n} = \beta_{mn} \quad \text{der reziproken dielektrischen Suszeptibilität.}$$

In einachsigen Ferroelektrika (s. Abschn. 1.3.2), auf die wir uns zunächst beschränken, beobachtet man erfahrungsgemäß keine Anomalien in einer Richtung senkrecht zu $\boldsymbol{P}^s$. Deshalb können wir z. B. $P_3 = P$, $P_1 = P_2 = 0$ setzen und entsprechend Gl. (2.1.16) schreiben:

$$G_1 = G_1^0 + A(T - T^c)P^2 + BP^4 + CP^6. \qquad (2.2.2)$$

Indem wir die weiteren Folgerungen der allgemeinen Theorie anwenden, erhalten wir für die Abhängigkeit der spontanen Polarisation von der Temperatur für ein einachsiges Ferroelektrikum mit Phasenumwandlung zweiter Ordnung ($B > 0$; $C = 0$)

$$P^s = \pm\left(\frac{A(T^c - T)}{2B}\right)^{1/2}, \qquad (2.2.3)$$

wie es in Abb. 14 dargestellt ist. Hier haben beide Vorzeichen des Ordnungsparameters eine physikalische Bedeutung. Sie entsprechen den beiden energetisch gleichwertigen antiparallelen Richtungen, in die sich $\boldsymbol{P}^s$ längs der ferroelektrischen Achse einstellen kann. Dadurch wird die Aufspaltung in Domänen ermöglicht (s. 3. Kapitel).

Die Beziehung (2.2.3) ist für einachsige Ferroelektrika mit einer Phasenumwandlung zweiter Ordnung im allgemeinen recht gut erfüllt, z. B. für TGS ($T^c = 49\,°C$) (s. Abb. 17 [37]), NH_4HSO_4 ($T^c = -2{,}5\,°C$) und Seignettesalz ($T_1{}^c = -18\,°C$; $T_2{}^c = +24\,°C$).

Wenn $B < 0$ ist (s. Abschn. 2.1.4.), liegt eine Phasenumwandlung erster Ordnung vor, und die Temperaturabhängigkeit der spontanen Polarisation wird durch Gl. (2.1.21) beschrieben. Aus Abb. 15 kann man ersehen, daß in diesem Falle eine „Temperaturhysterese" der Umwandlung zu beobachten sein wird. Tatsächlich bleibt beim Abkühlen auch noch bei Temperaturen unterhalb T^0 der Zustand mit $\boldsymbol{P}^s = 0$ solange metastabil, solange hier ein Minimum vorliegt. Das verschwindet erst bei

$T = T^c$, so daß die unpolare Phase absolut instabil wird und in die stabile polare mit $\boldsymbol{P} = P_0^s$ übergeht, wobei $\boldsymbol{P}_0^s$ die spontane Polarisation bei der Curietemperatur bedeutet. Beim Erwärmen von der polaren Phase aus wird diese erst bei einer Temperatur oberhalb T^0

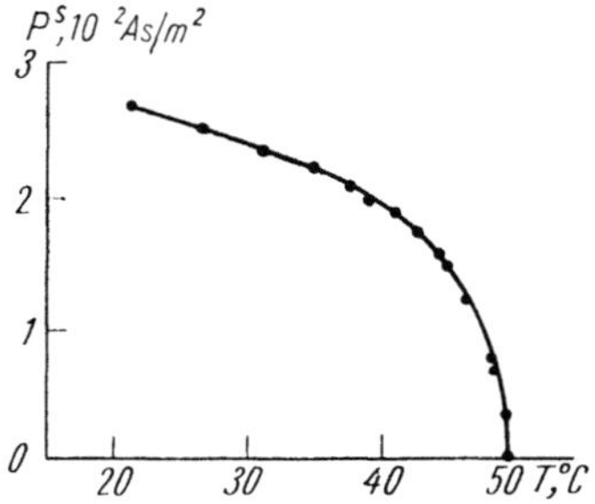

Abb. 17: Temperaturabhängigkeit der spontanen Polarisation P^s des TGS

vollständig instabil, nämlich dann, wenn das Maximum und die Wendepunkte zwischen den Minima bei $\boldsymbol{P} = 0$ und $\boldsymbol{P} = \pm \boldsymbol{P}^s$ in einer horizontalen Wendetangente zusammenfallen, wenn also $\partial G_1/\partial P = 0$ und $\partial^2 G_1/\partial P^2 = 0$ ist. Das ist der Fall bei $T - T^c = B^2/3AC$. — Die tatsächlich beobachtete Temperaturhysterese ist jedoch kleiner, sie hängt ab von der Höhe des Potentialwalles

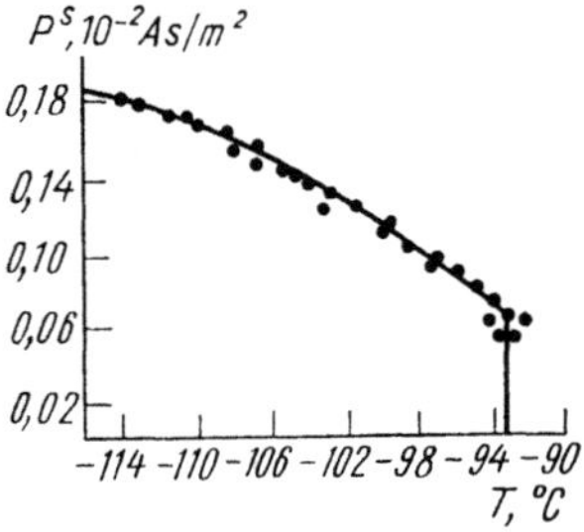

Abb. 18: Temperaturabhängigkeit der spontanen Polarisation P^s des Ammoniumfluoberyllat

zwischen der polaren und der unpolaren Phase sowie von den Fluktuationen des Ordnungsparameters, d. h. der spontanen Polarisation. In Abb. 18 ist die Temperaturabhängigkeit der spontanen Polarisation für Ammoniumfluoberyllat, $(NH_4)_2BeF_4$, aufgetragen [38]. Dieser Kristall weist eine Phasenumwandlung erster Ordnung auf, die einem kritischen Curiepunkt sehr nahe benachbart ist. Der Sprung von P^s beträgt hier $0{,}065 \cdot 10^{-2}$ As/m². (In $BaTiO_3$-Kristallen beträgt dieser Wert etwa $20 \cdot 10^{-2}$ As/m².)

2.2.2. Die Beziehung zwischen der elektrischen Polarisation und der elektrischen Feldstärke

Für das folgende nehmen wir an, daß der ferroelektrische Kristall in Form einer dünnen Platte vorliegt, deren Flächennormale parallel zur ferroelektrischen Achse ist und deren gegenüberliegende ebene Oberflächen mit Elektroden bedeckt sind. Verbinden wir diese mit einer Spannungsquelle, so geben wir damit die elektrische Feldstärke im Kristall vor. Die Polarisation muß sich also so einstellen, daß

$$E = \frac{\partial G_1}{\partial P} = 2A(T - T^c)\,P + 4BP^3 + 6CP^5 \quad (2.2.4)$$

dem vorgegebenen Wert entspricht.

Betrachten wir zunächst den Fall, daß das Ferroelektrikum eine Phasenumwandlung zweiter Ordnung besitzt ($B > 0$, $C = 0$). Die entsprechende Beziehung

$$E = 2A(T - T^c)P + 4BP^3 \quad (2.2.5)$$

ist in Abb. 19 für zwei Temperaturen graphisch aufgetragen, wobei allerdings die übliche Darstellung, die mit der P-Achse als Ordinate, gewählt wurde.

Oberhalb des Curiepunktes, der hier mit der Curietemperatur identisch ist (Abschn. 2.1.3), kann man die durch (2.2.5) beschriebene dielektrische Nichtlinearität tatsächlich beobachten, und zwar umso stärker, je dichter man sich am Curiepunkt befindet, d. h. je kleiner das in P lineare Glied ist. Durch Extrapolation dieser empirisch gesicherten Beziehung auf Temperaturen unterhalb T^c

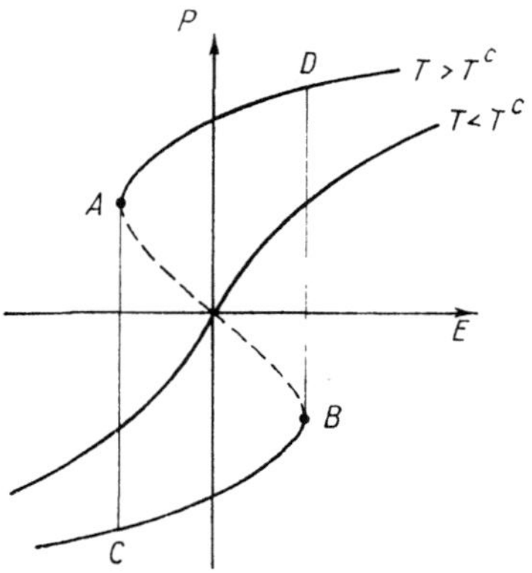

Abb. 19. Abhängigkeit der Polarisation von der elektrischen Feldstärke bei Ferroelektrika mit Phasenumwandlung zweiter Ordnung

haben MÜLLER und CADY [9] die thermodynamische Theorie der Ferroelektrizität entwickelt, ohne auf die der LANDAUschen Theorie zugrunde liegenden Hypothesen (Abschn. 2.1.3) zurückgreifen zu müssen.

In der polaren Phase setzt sich die gesamte Polarisation aus der spontanen und der durch das äußere Feld induzierten zusammen. Weil hier das lineare Glied in (2.2.5) negativ ist, entsprechen dem gestrichelten Kurvenverlauf AB keine stabilen Zustände des Kristalls. Tatsächlich ist hier $\partial^2 G_1/\partial P^2 < 0$. Bei stetiger Verkleinerung der Feldstärke müßten wir vielmehr vom Punkt A aus unmittelbar auf den derselben Feldstärke entsprechenden Punkt C gelangen, bei dem sich das Vorzeichen von P^s umgekehrt hat. Ein entsprechendes Verhalten ist bei stetiger Vergrößerung der Feldstärke im Punkte B zu erwarten. Somit beschriebe also unsere Theorie auch die dielektrische Hysteresekurve. Die Koerzitivfeldstärke E^c erhalten wir aus Gl. (2.2.5) und der Bedingung

$$\frac{\partial E}{\partial P} = 2A(T - T^c) + 12BP'^2 = 0.$$

Diese liefert

$$P' = \pm\left(\frac{A(T^c - T)}{6B}\right)^{1/2}.$$

Setzen wir das in (2.2.5) ein, erhalten wir

$$E^c = \pm 8B\left(\frac{A(T^c - T)}{6B}\right)^{3/2}. \tag{2.2.6}$$

Allerdings gilt diese Beziehung nur, wenn sich die Richtung der spontanen Polarisation im gesamten Kristall zur gleichen Zeit umkehrt. Tatsächlich ist das aber nicht der Fall, weil in einem realen Kristall die Polarisation inhomogen ist und die Umpolung durch die Bildung und das Wachsen von Keimen mit günstiger Polarisationsrichtung erfolgt (s. Kapitel 3). Daher kann die thermodynamische Beschreibung für die Umorientierung der spontanen Polarisation keine quantitativen Resultate liefern. Die gemessenen Koerzitivfeldstärken sind viel kleiner als die durch (2.2.6) bestimmten.

Für ein Ferroelektrikum mit einer Phasenumwandlung erster Ordnung ($B < 0$ in Gl. 2.2.4) sind in Abb. 20 einige $P(E)$-Kurven angegeben. Hier erhält man auch in der paraelektrischen Phase Hystereseerscheinungen, und zwar in Form von Doppelschleifen. Dicht oberhalb des Umwandlungspunktes gibt es bei einem vollen Feldstärkezyklus ($+\hat{E} \to -\hat{E} \to +\hat{E}$) vier Punkte, in denen der Kristall in einen instabilen Zustand übergehen müßte (in denen $\partial E/\partial P = 0$ ist). Hier erwarten wir jedesmal einen sprunghaften Übergang in die entsprechenden stabilen Zustände, wie in Abb. 20 für $T > T^0$ durch vertikale Geradenstücke angegeben. Diese Vorgänge, die man nur direkt oberhalb T^0 beobachten kann, entsprechen einer Verschiebung des Umwandlungspunktes zu

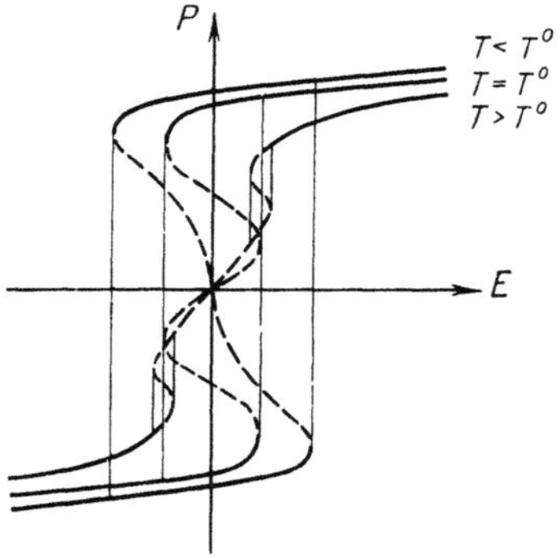

Abb. 20. Abhängigkeit der Polarisation von der elektrischen Feldstärke bei Ferroelektrika mit Phasenumwandlung erster Ordnung

höherer Temperatur durch das äußere Feld. Das entsprechende $T^0(E)$-Phasendiagramm besitzt kritische Punkte, die durch die Bedingungen

$$\frac{\partial E}{\partial P} = 0 \quad \text{und} \quad \frac{\partial^2 E}{\partial P^2} = 0$$

bestimmt sind, bei denen es in der $P(E)$-Kurve vertikale Wendetangenten gibt. Aus

$$\frac{\partial E}{\partial P} = 2A(T^{\text{kr}} - T^{\text{c}}) + 12B(P^{\text{kr}})^2 + 30C(P^{\text{kr}})^4 = 0,$$

$$\frac{\partial^2 E}{\partial P^2} = \qquad\qquad 24BP^{\text{kr}} + 120C(P^{\text{kr}})^3 = 0$$

folgt

$$(P^{\text{kr}})^2 = -\frac{B}{5C}; \quad T^{\text{kr}} - T^{\text{c}} = \frac{3}{5}\frac{B^2}{AC}. \qquad (2.2.7)$$

Oberhalb dieser kritischen Temperaturen gibt es keine Doppelschleifen, die Beziehung zwischen E und P ist hier eindeutig.

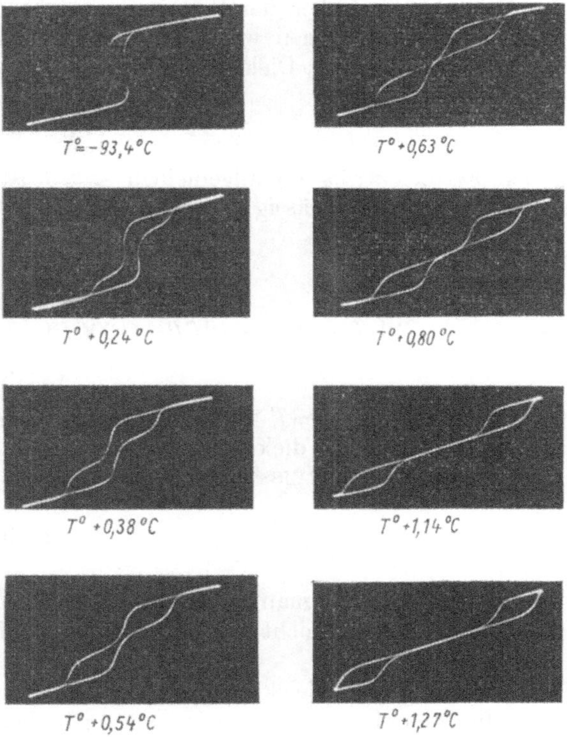

Abb. 21. Doppelhystereseschleifen, gemessen an Ammoniumfluoberyllat dicht oberhalb des Curiepunktes $T^0 = -93{,}4$°C

Doppelhysteresekurven kann man bei realen Ferroelektrika beobachten, z. B. bei $BaTiO_3$ bis 9K oberhalb T^0 [40], bei Ammoniumfluoberyllat bis 2K oberhalb des Umwandlungspunktes. In Abb. 21 sind derartige Kurven für das zweite Beispiel gezeigt [38].

2.2.3. Dielektrizitätskonstante (DK) ferroelektrischer Kristalle

Aus der Beziehung zwischen der Polarisation und der elektrischen Feldstärke können wir auf die elektrische Suszeptibilität χ bzw. die Dielektrizitätskonstante ε schließen. Da im SI-System

$$\varepsilon/\varepsilon_0 = \varepsilon_r = 1 + \chi/\varepsilon_0$$

und bei den Ferroelektrika im allgemeinen $\varepsilon_r \gg 1$ ist, werden wir — wo immer zulässig — $\varepsilon \approx \chi$ und $1/\varepsilon = \beta = 1/\chi$ setzen.

Aus Gl. (2.2.8) erhalten wir

$$\beta = \frac{1}{\varepsilon_0 \chi} = \frac{\partial E}{\partial P} = 2A(T - T^c) + 12BP^2 + 30CP^4. \tag{2.2.8}$$

In der paraelektrischen Phase ($T > T^0$) gilt für schwache Felder, in denen noch keine dielektrischen Nichtlinearitäten auftreten, das CURIE-WEISSsche Gesetz:

$$\varepsilon = \frac{1}{\chi} = \frac{1}{2A(T - T^c)}. \tag{2.2.9}$$

Direkt am Curiepunkt mißt man keine unendlich große DK. Das ist schon deshalb nicht möglich, weil es keine idealen Ferroelektrika gibt.

Für die Änderung der dielektrischen Eigenschaften am Umwandlungspunkt müssen wir nun zwischen Ferroelektrika mit Phasenumwandlung zweiter und erster Ordnung unterscheiden. Ist $B > 0$, so können wir in der Nähe des Phasenüberganges das Glied in P^4 vernachlässigen, wenn nicht ohnehin $C \equiv 0$ ist. Setzt man unter diesen Bedingungen in (2.2.8) den Ausdruck (2.2.3) für die spontane Polarisation ein, erhalten wir

$$\varepsilon_{T<T^0} = -\frac{1}{4A(T - T^c)}.$$

Für das Verhältnis der reziproken Dielektrizitätskonstanten ober- und unterhalb des Curiepunktes ergibt sich also

$$\frac{\dfrac{\mathrm{d}}{\mathrm{d}T}\left(\dfrac{1}{\varepsilon_{T<T^{\mathrm{c}}}}\right)}{\dfrac{\mathrm{d}}{\mathrm{d}T}\left(\dfrac{1}{\varepsilon_{T>T^{\mathrm{c}}}}\right)} = -2. \tag{2.2.10}$$

Als Beispiel sind in Abb. 22 die relative DK und deren Kehrwert für TGS in Abhängigkeit von der Temperatur aufgetragen. Hier sind die CURIE-WEISSschen Gesetze

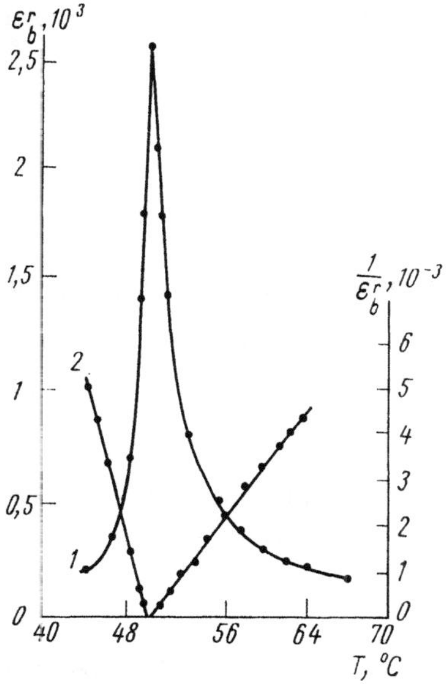

Abb. 22. Temperaturabhängigkeit der DK $\varepsilon^r{}_b$ (1) und der reziproken DK (2) für die ferroelektrische Richtung des TGS

ober- und unterhalb des Curiepunktes sehr gut erfüllt. Dabei ist $A\varepsilon_0 = 1{,}9 \cdot 10^{-3}\mathrm{K}^{-1}$. Allerdings findet man für das Verhältnis (2.2.10) den Wert $-2{,}7$. Diese Abweichung vom theoretischen Wert führt man auf die Bedingungen zurück, unter denen die DK in der polaren Phase gemessen wird (s. Abschn. 4.2).

Bei Phasenumwandlungen erster Ordnung bleibt die DK am Umwandlungspunkt $T^0 = T^c + B^2/4AC$ (2.1.10) auch theoretisch endlich:

$$\varepsilon_{T^0+} = \frac{1}{2A(T^0 - T^c)} = \frac{2C}{B^2}.$$

Die Temperaturabhängigkeit der DK unterhalb T^0 erhält man, wenn man P^s aus Gl. 2.1.21 in Gl. 2.2.8 einsetzt. Dabei ergibt sich keine lineare Beziehung zwischen $1/\varepsilon$ und T. Am (theoretischen) Umwandlungspunkt T^0 erhält man mit $(P^s)^2 = -\frac{B}{2C}$ (Gl. 2.1.20):

$$\varepsilon_{T^0-} = \frac{C}{2B^2}.$$

Somit ist der Sprung der DK am Umwandlungspunkt gekennzeichnet durch:

$$\frac{\varepsilon_{T^0+}}{\varepsilon_{T^0-}} = 4.$$

In Abb. 23 sind ε^r und $1/\varepsilon_r{}^r$ als Funktion der Temperatur für Ammoniumfluoberyllat aufgetragen.

2.2.4. *Einfluß eines Gleichfeldes auf die dielektrischen Eigenschaften am ferroelektrischen Phasenumwandlungspunkt*

Wenn wir in der folgenden Gleichung

$$E = 2A(T - T^c)P + 4BP^3 \qquad (2.2.4)$$

die elektrische Feldstärke vorgeben und die Polarisation in Abhängigkeit von der Temperatur betrachten (s. Abb. 24), so erhält man für ein Ferroelektrikum mit einer Phasenumwandlung zweiter Ordnung einen Verlauf,

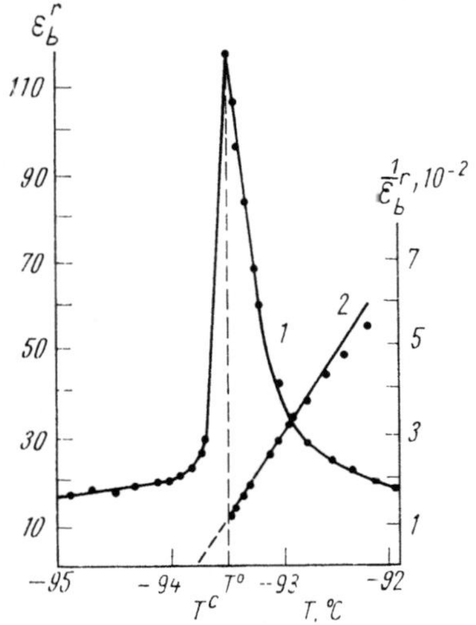

Abb. 23. Temperaturabhängigkeit der DK ε^r_b (1) und der reziproken DK (2) für die ferooelektrische Richtung des Ammoniumfluoberyllat

in dem kein Umwandlungspunkt, d. h. keine sprunghafte Änderung der Symmetrie mehr auftritt (Abb. 24a). Am Curiepunkt ($T = T^c$) ergibt sich für die Polarisation

$$P(T^c) = \left(\frac{E}{4B}\right)^{1/3}.$$

Die Temperaturabhängigkeit der DK ergibt sich aus (2.2.8), wobei P der dem äußeren Feld E entsprechende Wert der Polarisation ist. Am Curiepunkt wird die DK nicht mehr unendlich. Man findet jetzt ein Maximum bei

$T' > T^c$, das man wie folgt berechnen kann [41]: Wir denken uns bei vorgegebener Feldstärke die Größe

$$\frac{1}{\varepsilon} = \left(\frac{\partial E}{\partial P}\right) = 2A(T' - T^c) + 12BP^2$$
$$= 2A\Delta T + 12BP^2$$

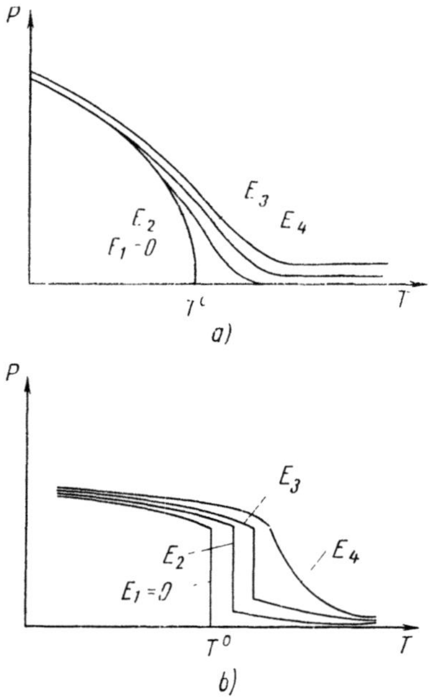

Abb. 24. Temperaturabhängigkeit der Polarisation der Ferroelektrika bei uberlagertem Gleichfeld $E_4 > E_3 > E_2 > E_1$

als Funktion von ΔT und P gegeben, wobei allerdings P stets dem vorgegebenen Wert von E entsprechen muß und somit ebenfalls von ΔT abhängt. Für das DK-Maximum muß gelten:

$$\frac{\mathrm{d}(1/\varepsilon_{\max})}{\mathrm{d}(\Delta T)} = \left(\frac{\partial(1/\varepsilon_{\max})}{\partial(\Delta T)}\right)_P + \left(\frac{\partial(1/\varepsilon_{\max})}{\partial P}\right)_{\Delta T} \frac{\mathrm{d}P}{\mathrm{d}(\Delta T)} = 0.$$

Aus der Bedingung

$$\mathrm{d}E = 2A\Delta T\mathrm{d}P + 2AP\mathrm{d}(\Delta T) + 12BP^2\mathrm{d}P = 0$$

folgt

$$\frac{\mathrm{d}P}{\mathrm{d}(\Delta T)} = \frac{-2AP}{2A\Delta T + 12BP^2} = -2AP\varepsilon .$$

Mit

$$\left(\frac{\partial(1/\varepsilon)}{\partial(\Delta T)}\right)_P = 2A ; \quad \left(\frac{\partial(1/\varepsilon)}{\partial P}\right)_{\Delta T} = 24BP$$

erhalten wir

$$\frac{\mathrm{d}(1/\varepsilon_{\max})}{\mathrm{d}(\Delta T)} = 2A - 48ABP'^2\varepsilon_{\max} = 0 .$$

Daraus folgt für die Polarisation P' bei der Temperatur des DK-Maximums:

$$P'^2 = \frac{2A}{48AB\varepsilon_{\max}} = \frac{A\Delta T' + 6BP'^2}{12B}$$

bzw.

$$P'^2 = A\Delta T'/6B .$$

Setzen wir diesen Wert in den Ausdruck für $1/\varepsilon$ ein, erhalten wir für das reziproke DK-Maximum [41a]

$$1/\varepsilon_{\max} = 4A\Delta T' , \tag{2.2.11}$$

d. h. einen Wert, der doppelt so groß ist wie bei derselben Temperatur für $P = 0$ bzw. $E = 0$. Setzen wir schließlich P' in den Ausdruck (2.2.4) für die Feldstärke ein,

$$E = \frac{4}{3}\left(\frac{2A^3}{3B}\right)^{1/2} (T' - T^{\mathrm{c}})^{3/2},$$

ergibt sich für die Temperatur des DK-Maximums

$$T' - T^{\mathrm{c}} = \frac{3}{2A}\left(\frac{BE^2}{2}\right)^{1/3} . \tag{2.2.12}$$

Diese Beziehung ist für einige Ferroelektrika experimentell bestätigt worden. Als Beispiel zeigt Abb. 25 die Temperatur des DK-Maximums in Abhängigkeit von der Feldstärke für deuteriertes TGS ($T^c = 60\,°C$) [42].

Bei Phasenumwandlungen erster Ordnung gilt für die Abhängigkeit des Umwandlungspunktes von der Feldstärke eine Differentialgleichung entsprechend der

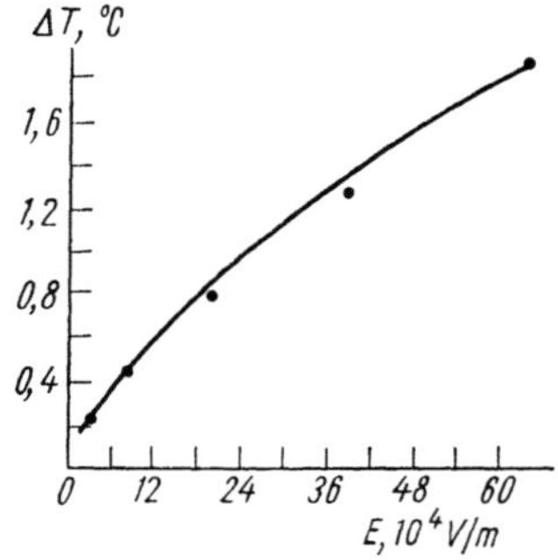

Abb. 25. Abhängigkeit der Temperatur des DK-Maximums vom überlagerten Gleichfeld bei deuteriertem TGS

Clausius-Clapeyronschen Gleichung für die Druckabhängigkeit des Umwandlungspunktes (2.1.12):

$$\frac{dT^0}{dE} = \frac{P^s(T^0)}{\Delta S}.$$

Dabei muß hier statt der Volumenänderung der Sprung der spontanen Polarisation eingesetzt werden. Mit (2.1.17a)

$$\Delta S = A(P^s)^2$$

und (2.1.20) ergibt sich daraus:

$$\frac{dT^0}{dE} = \frac{1}{AP^s} = \frac{1}{A}\left(-\frac{2C}{B}\right)^{1/2}.$$

Durch ein elektrisches Feld wird also ein ferroelektrischer Phasenumwandlungspunkt erster Ordnung zu höheren Temperaturen verschoben (s. Abb. 24b). Gleichzeitig damit wird der Betrag des Sprunges der spontanen Polarisation und der Umwandlungsentropie verändert. Bei diesem Feldeinfluß handelt es sich natürlich um dieselbe Erscheinung, die wir bereits in Abschn. 2.2.2 in Verbindung mit den Doppelschleifen besprochen haben. — Oberhalb der kritischen Temperatur T^{kr} (Gl. (2.2.7)) erfolgt der Übergang in den spontan polarisierten Zustand stetig.

2.2.5. Zur Bestimmung der Entwicklungskoeffizienten

Wie wir gesehen haben, kann man mit der thermodynamischen Theorie der Ferroelektrizität, die als Spezialfall der LANDAUschen Theorie der Phasenumwandlung zweiter Ordnung anzusehen ist, eine ganze Reihe makroskopischer Erscheinungen phänomenologisch beschreiben. Für die Anwendung der Theorie auf einen bestimmten Kristall muß man die Koeffizienten A, B und C der Entwicklung der freien elastischen Enthalpie nach der Polarisation kennen. Bei Kristallen mit einer Phasenumwandlung zweiter Ordnung genügt es, die Temperaturabhängigkeit der DK und der spontanen Polarisation zu messen, um die Koeffizienten A und B der Gl. (2.2.2) mit Hilfe von Gl. (2.2.3) und (2.2.9) berechnen zu können. Ist die Phasenumwandlung von erster Ordnung, so kann man den Sprung von P^s am Umwandlungspunkt (P_0^s), $T^0 - T^c$ und $\varepsilon(T^0)$ messen und die gesuchten Größen aus den in Abschn. 2.2.3 angegebenen Beziehungen sowie aus (2.1.20) bestimmen:

$$A = 1/\{2\varepsilon(T^0)\,(T^0 - T^c)\}; \quad B = \{2A(T^0 - T^c)\}/(P_0^s)^2;$$
$$C = A(T^0 - T^c)/(P_0^s)^4,$$

wobei man T^c durch Extrapolation der CURIE-WEISS-Geraden auf $1/\varepsilon = 0$ findet.

In Tabelle 1 sind die Werte der Entwicklungskoeffizienten der freien elastischen Enthalpie für einige Ferroelektrika mit Phasenumwandlungen erster und zweiter Ordnung angegeben. Damit kann man die dielektrischen Eigenschaften dieser Kristalle quantitativ beschreiben.

Tabelle 1

Entwicklungskoeffizienten der freien elastischen Enthalpie einiger Ferroelektrika

Phasen-übergang	Ferroelektrikum	$A\varepsilon_0$ K^{-1}	B $Vm^5(As)^{-3}$	C $Vm^9(As)^{-5}$
zweiter Ordnung	TGS	$1{,}9 \cdot 10^{-3}$	$2{,}4 \cdot 10^{11}$	$1{,}1 \cdot 10^{14}$
	Colemanit	$1{,}2 \cdot 10^{-2}$	$2{,}8 \cdot 10^{13}$	$2{,}7 \cdot 10^{17}$
	Ammoniumhydrogensulfat	$2{,}7 \cdot 10^{-2}$	$1{,}9 \cdot 10^{14}$	–
	Seignettesalz	$2{,}9 \cdot 10^{-3}$	$3 \cdot 10^{13}$	–
erster Ordnung	Natriumnitrit	$1{,}2 \cdot 10^{-3}$	$-3{,}6 \cdot 10^{10}$	$1{,}3 \cdot 10^{13}$
	Ammoniumfluoberyllat	$1{,}3 \cdot 10^{-1}$	$-3{,}6 \cdot 10^{15}$	$5{,}1 \cdot 10^{21}$

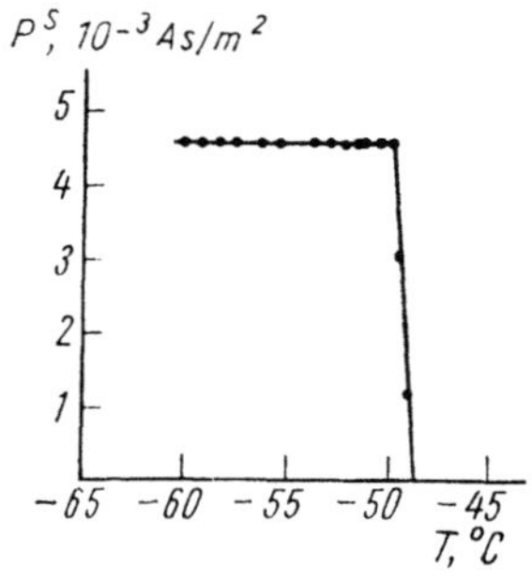

Abb. 26. Temperaturabhängigkeit der spontanen Polarisation des Ammoniumsulfats

Es ist jedoch zu bemerken, daß sich die hier dargelegte Theorie nicht für sämtliche Ferroelektrika anwenden läßt. Als Beispiel sei das Aluminiumsulfat $(NH_4)_2SO_4$ ($T^0 = -49\,°C$) erwähnt. Seine wichtigsten Kennzeichen sind die Unabhängigkeit der spontanen Polarisation von der Temperatur (Abb. 26) [43] und eine von der Temperaturänderungsrate abhängige Temperaturhysterese der Umwandlung. Weitere Beispiele sind das GMO (Gadoliniummolybdat, $Gd_2(MoO_4)_3$) und die ferroelektrischen Borazite. Bei diesen läßt sich die Phasenumwandlung vermutlich ebenfalls mit Hilfe der LANDAUschen Theorie beschreiben. Allerdings ist hier nicht die spontane Polarisation der Umwandlungsparameter. Es sind vielmehr andere, makroskopisch nicht meßbare Größen, mit denen sich die Umwandlung beschreiben läßt. Die spontane Polarisation im ferroelektrischen Bereich ist auf eine Verkopplung mit diesen Umwandlungsparametern zurückzuführen [43a, b].

Auch auf das KDP sei nochmals hingewiesen. Hier erfolgt am Phasenumwandlungspunkt ein sehr steiler, jedoch stetiger Anstieg der spontanen Polarisation. Die $P(E)$-Beziehung in der paraelektrischen Phase ist von der Form

$$E = 2A(T - T^c)P + \psi(P),$$

wo $\psi(P)$ eine ungerade Funktion von P ist, in der die Glieder in P^5 und P^7 eine wesentliche Rolle spielen [44]. Offenbar handelt es sich hier um eine Phasenumwandlung zweiter Ordnung, die einem kritischen Curiepunkt sehr eng benachbart ist. Dementsprechend hat man in die Entwicklung (2.2.2) noch ein Glied in P^8 aufzunehmen. Dadurch wird natürlich die experimentelle Bestimmung der Funktion $\psi(P)$ sehr erschwert.

2.3. Thermodynamische Theorie der Phasenumwandlung vielachsiger Ferroelektrika

2.3.1. Vielachsige Ferroelektrika mit Phasenumwandlung zweiter Ordnung

Kristalle, in denen eine spontane Polarisation in mehreren kristallographischen Richtungen auftreten kann, müssen einer der folgenden Klassen des kubischen Systems angehören: 43, m3m oder m3. (Die Klassen 23 und 43m lassen eine Invariante dritten Grades in P zu. Da aber $\partial^2 G_1/\partial P^2 > 0$ für den Zustand $P = 0$ nicht erfüllt ist, kann dieser somit nicht stabil existieren. Kristalle dieser Klasse können somit keinen Curiepunkt besitzen [39].)

Wie in Abschn. 2.2.1 gezeigt wurde, muß das thermodynamische Potential (die freie elastische Enthalpie) alle die Kombinationen zwischen den Komponenten der spontanen Polarisation enthalten, die Symmetrietransformationen gegenüber invariant sind. Wir beziehen uns zunächst auf Phasenumwandlungen zweiter Ordnung und beschränken uns auf die Invarianten zweiten und vierten Grades. In kubischen Kristallen läßt die Symmetrie eine Invariante zweiten Grades, nämlich $P_1^2 + P_2^2 + P_3^2$, sowie die zwei voneinander unabhängigen Invarianten vierten Grades $(P_1^4 + P_2^4 + P_3^4)$ und $(P_1^2P_2^2 + P_2^2P_3^2 + P_1^2P_3^2)$ zu. Somit ergibt sich für den elektrischen Teil der freien elastischen Enthalpie

$$\begin{aligned} G_1 = G_1^0 &+ A(T - T^c)(P_1^2 + P_2^2 + P_3^2) \\ &+ B_1(P_1^4 + P_2^4 + P_3^4) \\ &+ B_2(P_1^2P_2^2 + P_2^2P_3^2 + P_1^2P_3^2). \end{aligned} \tag{2.3.1}$$

Die spontane Polarisation berechnet man aus der Minimumbedingung

$$\partial G_1/\partial P_1 = 0, \quad \partial G_1/\partial P_2 = 0, \quad \partial G_1/\partial P_3 = 0.$$

Dieses Gleichungssystem besitzt die folgenden Lösungen: Erstens die triviale Lösung,

$$P_1 = P_2 = P_3 = 0;$$

zweitens eine Lösung, die einer spontanen Polarisation in Richtung einer Würfelkante entspricht:

$$P_2 = P_3 = 0, \quad P_1 = \pm\left\{\frac{A(T^c - T)}{2B_1}\right\}^{1/2} \tag{2.3.2}$$

$$P_1 = P_3 = 0,\ P_2 = \pm\left\{\frac{A(T^c - T)}{2B_1}\right\}^{1/2}$$
$$P_1 = P_2 = 0,\ P_3 = \pm\left\{\frac{A(T^c - T)}{2B}\right\}^{1/2}; \qquad (2.3.2)$$

und drittens eine Lösung, die einer Polarisation in Richtung einer Raumdiagonalen der Elementarzelle entspricht:

$$P_1 = P_2 = P_3, \qquad P_1 = P_2 = -P_3,$$
$$P_1 = -P_2 = P_3, \qquad P_1 = -P_2 = -P_3,$$
$$P_1^2 = P_2^2 = P_3^2 = \frac{A(T^c - T)}{2(B_1 + B_2)}. \qquad (2.3.3)$$

Das Verschwinden des Koeffizienten von $(P_1^2 + P_2^2 + P_3^2)$ in Gl. (2.3.1) entspricht dem Phasenübergang aus der stabilen paraelektrischen in eine stabile ferroelektrische Phase, deren spontane Polarisation durch (2.3.2) bzw. (2.3.3) bestimmt ist. Die Beziehung zwischen den Koeffizienten B_1 und B_2 ist maßgebend dafür, welche Symmetrie der Kristall in der polaren Phase besitzt, nämlich tetragonale, wenn P^s parallel einer vierzähligen Achse ist, oder rhomboedrische, wenn P^s parallel einer dreizähligen Achse ist. Um die stabile Phase zu finden, müssen wir G_1 mit den Werten (2.3.2) und (2.3.3) für P^s berechnen. Da $(P^s)^2 > 0$ sein muß, müssen auch $B_1 > 0$ und $B_1 + B_2 > 0$ sein. Es ergibt sich für den ersten Fall (P^s parallel einer Würfelkantenrichtung):

$$G_1 = G_1^0 - \frac{A^2(T^c - T)^2}{4B_1},$$

für den zweiten (P^s parallel einer Raumdiagonalen):

$$G_1 = G_1^0 - \frac{3}{4}\,\frac{A^2(T^c - T)^2}{B_1 + B_2}.$$

Wie man sieht, besitzt die erste Lösung den kleineren Wert und entspricht damit dem stabileren Zustand, wenn $B_2 > 2B_1$ ist.

Man kann sich vorstellen, daß unterhalb des ferroelektrischen Phasenumwandlungspunktes eine Änderung der Richtung der spontanen Polarisation möglich ist, nämlich dann, wenn sich aufgrund einer bestimmten Temperaturabhängigkeit die Beziehung zwischen B_1 und B_2 ändert. In diesem Falle muß die Phasenumwandlung von der ersten Ordnung sein, weil sich die Richtung sprunghaft ändert.

Aus (2.3.1) folgt, daß bei $T > T^c$ die DK in allen Richtungen gleich groß sein muß:

$$1/\varepsilon_1 = 1/\varepsilon_2 = 1/\varepsilon_3 = 2A(T - T^c).$$

Wenn wir annehmen, daß bei $T < T^c$ die spontane Polarisation parallel zur z-Achse ist, erhalten wir

$$1/\varepsilon_1 = 1/\varepsilon_2 = 2A(T^c - T)\left(\frac{B_2}{B_1} - 2\right),$$

$$1/\varepsilon_3 = 4A(T^c - T),$$

d. h. der Kristall wird dielektrisch anisotrop.

2.3.2. *Vielachsige Ferroelektrika mit Phasenumwandlung erster Ordnung*

Zur Beschreibung von Phasenumwandlungen erster Ordnung müssen wir, da auch hier $B_1 < 0$ angenommen werden muß wie bei einachsigen Ferroelektrika, Gl. (2.3.1) durch Glieder sechster Ordnung in P ergänzen, die Symmetrietransformationen gegenüber invariant sind. Dieser Fall liegt beim $BaTiO_3$ und einigen anderen Ferroelektrika vom Sauerstoffoktaedertyp vor. Die thermodynamische Theorie für die Phasenumwandlung dieser Kristalle wurde von DEVONSHIRE [17, 45] entwickelt.

Für das kubische Bariumtitanat, das die Symmetrie m3m besitzt, kann die freie elastische Enthalpie in der Form

$$\begin{aligned} G_1 = G_1^0 &+ A(T - T^c)(P_1^2 + P_2^2 + P_3^2) \\ &+ B_1(P_1^4 + P_2^4 + P_3^4) \\ &+ B_2(P_1^2P_3^2 + P_1^2P_2^2 + P_2^2P_3^2) \\ &+ C(P_1^6 + P_2^6 + P_3^6) \end{aligned} \tag{2.3.4}$$

geschrieben werden. Dabei sind nur so viele Glieder sechster Ordnung berücksichtigt worden, wie es zur Beschreibung aller Phasenumwandlungen, die man beim $BaTiO_3$ beobachtet, erforderlich ist. (Den vollständigen Ausdruck, der sämtliche Invarianten sechster Ordnung enthält, findet man in [46].) Bei entsprechender Wahl der

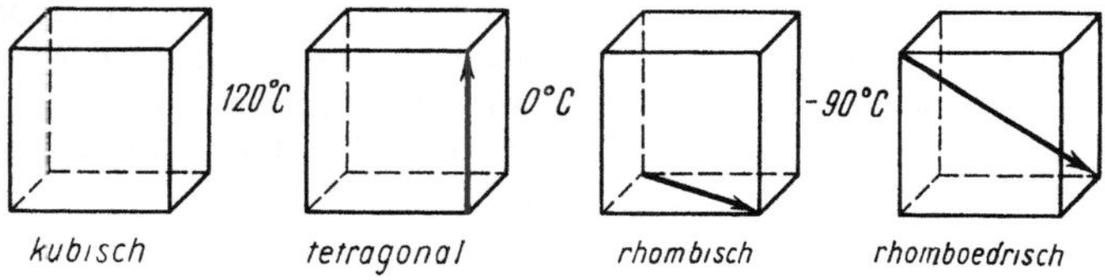

Abb. 27: Orientierung der spontanen Polarisation in den verschiedenen Phasen des Bariumtitanats (schematisch)

Koeffizienten A, B_1, B_2 und C erhält man mit abnehmender Temperatur nacheinander die unpolare kubische, die tetragonale ($\boldsymbol{P}^s$ parallel einer Würfelkantenrichtung), die orthorhombische ($\boldsymbol{P}^s$ parallel einer Flächendiagonalen) und die rhomboedrische ($\boldsymbol{P}^s$ parallel einer Raumdiagonalen) Phase als stabile Modifikation, wie sie beim Bariumtitanat aufeinanderfolgen (Abb. 27).

Für die Extremwerte der thermodynamischen Potentialfunktion müssen die folgenden Bedingungen erfüllt sein:

$$A(T - T^c)P_1 + 2B_1P_1^3 + B_2P_1(P_2^2 + P_3^2) + 3CP_1^5 = 0 \tag{2.3.5}$$

und zwei analoge Ausdrücke, wobei die Indizes von P_m zyklisch vertauscht sind.

Entsprechend den oben angeführten vier Phasen kann man für dieses Gleichungssystem die folgenden Lösungen angeben:

$$P_1 = P_2 = P_3 = 0, \tag{2.3.6a}$$

$$P_1 = P_2 = 0,\ A(T - T^c) + 2B_1P_3^2 + 3CP_3^4 = 0, \tag{2.3.6b}$$

$$P_1 = 0,\ P_2 = P_3,\ A(T - T^c) + (2B_1 + B_2)P_3^2 + 3CP_3^4 = 0, \tag{2.3.6c}$$

$$P_1 = P_2 = P_3,\ A(T - T^c) + 2(B_1 + B_2)P_3^2 + 3CP_3^4 = 0. \tag{2.3.6d}$$

Wenn man P_3 durch P_1 und P_2 ersetzt und die übrigen Indizes entsprechend vertauscht, erhält man natürlich ebenfalls Lösungen des Systems (2.3.5). Setzt man diese Werte in (2.3.4) ein, so erhält man für den elektrischen Teil der freien elastischen Enthalpie

$$G_1^{(1)} - G_1^0 = 0;$$

$$G_1^{(2)} - G_1^0 = A(T - T^c)P_3^2 + B_1P_3^4 + CP_3^6;$$

$$G_1^{(3)} - G_1^0 = 2A(T - T^c)P_3^2 + (B_1 + B_2)P_3^4 + 2CP_3^6;$$

$$G_1^{(4)} - G_1^0 = 3A(T - T^c)P_3^2 + 3(B_1 + B_2)P_3^4 + 3CP_3^6.$$

Sollen diese Extremwerte von G_1 Minima sein, so muß $\partial^2 G_1/\partial P_3^2 > 0$ sein. Das bedeutet:

$$A > 0;$$

$$A + B_2P_3^2 > 0;\ B_1 + 3CP_3^2 > 0;$$

$$A + 2B_2P_3^2 > 0;\ B_1 + 3CP_3^2 > 0;$$

$$B_1 + 3CP_3^2 > 0.$$

Trägt man $G_1 - G_1^0$ in Abhängigkeit von der Temperatur auf, wobei A, B_1, B_2 und C als Konstanten angenommen werden, so erkennt man, daß bei Temperaturen genügend weit oberhalb der Curietemperatur das tiefste Minimum bei $P = 0$ liegt, die stabile Modifikation also durch die Lösung (2.3.6a) bestimmt wird. Bei Temperaturerniedrigung gehen die absoluten Minima von G_1 der Reihe nach auf die Beträge und Richtungen der spontanen Polarisation über, die den Lösungen (2.3.6b bis d) entsprechen, d. h. der Kristall wandelt sich in die tetragonale, rhombische und rhomboedrische Phase um (Abb. 27).

In Abb. 28 ist die Temperaturabhängigkeit der z-Komponente der spontanen Polarisation eines Bariumtitanateinkristalls wiedergegeben [47]. Die sprunghaften

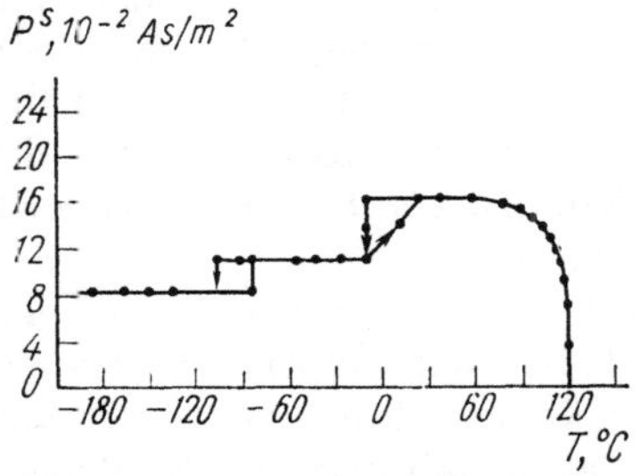

Abb. 28. Temperaturabhängigkeit der spontanen Polarisation des Bariumtitanats

Änderungen von P^s bei 120 °C, 0 °C und −90 °C entsprechen den Phasenumwandlungen, bei denen die spontane Polarisation auftritt bzw. ihre Richtung ändert, so wie es die Theorie beschreibt. Durch Anpassung an die experimentellen Daten kann man die Koeffizienten A, B_1, B_2 und C bestimmen. Bei der Messung dieser Größen wird man jedoch etwas andere Werte erhalten, weil die vorausgesetzte Temperaturunabhängigkeit nicht exakt zutreffen dürfte.

Bei der thermodynamischen Untersuchung der Eigenschaften der kubischen Kristalle am ferroelektrischen Phasenumwandlungspunkt kann man genauso vorgehen wie es im Falle der einachsigen Ferroelektrika gezeigt wurde. Allerdings muß man dabei voraussetzen, daß der vielachsige Kristall beim Phasenübergang in einen einheitlich gepolten Zustand übergeht.

2.3.3. *Zum Gültigkeitsbereich der phänomenologischen Theorie*

Mit der hier wiedergegebenen phänomenologischen Theorie der Ferroelektrizität lassen sich die Eigenschaften chemisch und strukturell ganz verschiedener Kristalle beschreiben. Wie in später folgenden Kapiteln gezeigt wird, kann man damit auch das Verhalten der piezoelektrischen und elastischen Koeffizienten, der Wärmekapazität und anderer Eigenschaften im Bereich der Phasenumwandlung erfassen.

Wir wenden uns nun der Frage zu, auf welchen Temperaturbereich sich die Gültigkeit dieser Theorie erstreckt. In einigen Fällen läßt sie sich in einem so großen Temperaturintervall anwenden, daß man die Ausdrücke (2.2.1) bzw. (2.3.1) für die freie elastische Enthalpie nicht als Entwicklung nach einem kleinen Parameter, sondern vielmehr als eine Approximation durch eine Potenzreihe in den Komponenten von $\boldsymbol{P}$ anzusehen hat.

Es sei an dieser Stelle bemerkt, daß die Landausche Theorie eine phänomenologische Verallgemeinerung der aus der statistischen Physik bekannten Methode des „selbstkonsistenten Feldes“ darstellt, die für Systeme stark wechselwirkender Teilchen angewendet wird. Hierbei ersetzt man das Feld, das auf jedes Teilchen wirkt, durch ein mittleres molekulares, das aus der Bedingung der Selbstkonsistenz bestimmt wird.

Zur Veranschaulichung betrachten wir einen Modellkristall, der aus Punktdipolen aufgebaut ist, von denen jeder mit einer bestimmten Anzahl Nachbarn wechselwirkt. Dabei sollen nur die Lagen $+\boldsymbol{p}$ und $-\boldsymbol{p}$ erlaubt sein. Die Hamiltonfunktion (Gesamtenergie) eines solchen Systems, das sich im äußeren Feld E befindet, ist

$$H = -\frac{1}{2}\sum_{ij}\zeta_{ij}\boldsymbol{p}_i\boldsymbol{p}_j - \boldsymbol{E}\sum_i \boldsymbol{p}_i .$$

Darin bedeuten die ζ_{ij} Wechselwirkungskonstanten, die vom Abstand der Dipole abhängen. Wenn die Dipole so angeordnet sind, daß $\zeta_{ij} > 0$ ist, besteht die Tendenz zur Paralleleinstellung, so daß Ferroelektrizität eintreten kann. Der Faktor 1/2 ist erforderlich, um nicht jeden Dipol zweimal zu berücksichtigen.

Nun führen wir das mittlere Feld ein, das auf den i-ten Dipol wirkt:

$$\boldsymbol{E}_i = \sum_j \zeta_{ij}\boldsymbol{p}_j + \boldsymbol{E} = \boldsymbol{E}' + \boldsymbol{E}.$$

Für die Hamiltonfunktion des Systems erhalten wir somit

$$H = -\sum_i \left(\frac{1}{2}\boldsymbol{p}_i\boldsymbol{E}' + \boldsymbol{p}_i\boldsymbol{E}\right).$$

Wenn der Kristall in die polare Phase übergegangen ist, kann man jedem Dipol ein mittleres Moment $\langle \boldsymbol{p} \rangle$ zuschreiben, so daß $n\langle \boldsymbol{p} \rangle$ gleich der spontanen Polarisation ist, wenn n die Zahl der Dipole pro Volumeneinheit angibt. Dabei wird man in erster Näherung $\langle \boldsymbol{p} \rangle$ als unabhängig von der Lage im Gitter ansehen. Entsprechendes gilt für das Feld, das auf einen Dipol wirkt und das durch die anderen Dipole erzeugt wird:

$$\langle \boldsymbol{E}_i' \rangle = \sum_j \zeta_{ij}\langle \boldsymbol{p}_j \rangle = \langle \boldsymbol{p} \rangle \sum_j \zeta_{ij} = \langle \boldsymbol{p} \rangle \zeta_0 .$$

Die Bedingung für die Selbstkonsistenz bedeutet wegen der Äquivalenz aller Dipole:

$$\langle \boldsymbol{p} \rangle = \frac{\sum \boldsymbol{p} \exp\{-\boldsymbol{p}(\zeta_0 \langle \boldsymbol{p} \rangle + \boldsymbol{E})/kT\}}{\sum \exp\{-\boldsymbol{p}(\zeta_0 \langle \boldsymbol{p} \rangle + \boldsymbol{E})/kT\}}$$

$$= \boldsymbol{p} \tanh \frac{\boldsymbol{p}(\zeta_0 \langle \boldsymbol{p} \rangle + \boldsymbol{E})}{kT}.$$

Daraus erhalten wir für die Temperaturabhängigkeit der spontanen Polarisation für $\boldsymbol{E} = 0$:

$$\boldsymbol{P}^{\mathrm{s}} = n \langle \boldsymbol{p} \rangle = n\boldsymbol{p} \tanh \frac{\boldsymbol{p}\zeta_0}{kT} \langle \boldsymbol{p} \rangle = \boldsymbol{P}^{\infty} \tanh \alpha \frac{P^{\mathrm{s}}}{P^{\infty}},$$

wenn wir $n\boldsymbol{p} = \boldsymbol{P}^{\infty}$, dem maximal möglichen Wert der spontanen Polarisation, und $p^2\zeta_0/kT = \alpha = T^{\mathrm{c}}/T$ (mit $T^{\mathrm{c}} = p^2\zeta_0/k$) setzen. Entwickeln wir den hyperbolischen Tangens in eine Reihe

$$\tanh \alpha P^{\mathrm{s}}/P^{\infty} = \alpha \frac{P^{\mathrm{s}}}{P^{\infty}} \left\{ 1 - \frac{1}{3} \left(\alpha \frac{P^{\mathrm{s}}}{P^{\infty}} \right)^2 \right\},$$

so erhalten wir

$$\left(\frac{P^{\mathrm{s}}}{P^{\infty}} \right)^2 = 3 \frac{T^{\mathrm{c}} - T}{T},$$

wenn wir berücksichtigen, daß $\alpha \approx 1$ ist.

Diese Temperaturabhängigkeit der spontanen Polarisation stimmt mit den Ergebnissen der phänomenologischen Theorie von LANDAU-GINZBURG überein. — Wenn alle Dipole, die mit einem vorgegebenen wechselwirken, durch ihre Mittelwerte ersetzt werden, so vernachlässigt man dabei die Schwankungen (Fluktuationen) der Polarisation [48]. Dementsprechend gilt auch die phänomenologische Theorie nur bei den Temperaturen genügend genau, bei denen die Fluktuationen klein sind. Diese Voraussetzung ist jedoch in der Umgebung eines

Phasenumwandlungspunktes zweiter Ordnung nicht erfüllt, weil hier die Fluktuationen anomal groß werden. Es soll gezeigt werden, wie man dieses Temperaturgebiet abschätzen kann.

Infolge der räumlichen Fluktuationen ist die Verteilung der Polarisation im Kristall nicht mehr homogen. Damit verbunden ist eine Vergrößerung der thermodynamischen Potentialfunktion um die sog. Korrelationsenergie, die sich nach Potenzen der räumlichen Ableitung der Polarisation entwickeln läßt [49]. Die freie elastische Enthalpie erhält dann die folgende Gestalt:

$$G_1 = G_1^0 + A(T - T^c)P^2 + BP^4 + \delta_{ij}\frac{\partial P}{\partial x_i}\frac{\partial P}{\partial x_j}. \qquad (2.3.7)$$

Hier ist δ_{ij} ein symmetrischer Tensor zweiter Stufe. In kubischen Kristallen geht er in den Skalar

$$\delta_{ij} = \begin{cases} \delta & \text{für} \quad i = j \\ 0 & \text{für} \quad i \neq j \end{cases}$$

über, so daß hier das letzte Glied in der Form $\delta\,(\operatorname{grad} P)^2$ geschrieben werden kann. Die Glieder, die proportional $\partial P/\partial x$ sind, gehen ebenso wie die ungeraden Potenzen von P nicht in G_1 ein, da diese Potentialfunktion unabhängig vom Vorzeichen der Polarisation und dem ihres Gradienten ist.

Nun entwickelt man die Abweichung der Polarisation vom Gleichgewichtswert $\Delta P(\boldsymbol{r})$ in eine Fourierreihe:

$$\Delta P(\boldsymbol{r}) = \sum_{q \neq 0} \boldsymbol{P}_q \exp\{i\boldsymbol{q}\boldsymbol{r}\}, \qquad (2.3.8)$$

wobei $\boldsymbol{q}$ der Wellenvektor ist. Setzt man diesen Ausdruck in (2.3.7) ein, so erhält man die Abweichung ΔG_1 vom Mittelwert, ausgedrückt für die einzelnen Fourierkomponenten. Damit kann man die Wahrscheinlichkeit $w(P_q)$ für den durch P_q bestimmten, vom Gleichgewicht abweichenden Zustand

$$w(P_q) \sim \exp\{-\Delta G_1^V(P_q)/kT\}$$

($\Delta G_1^V(P_q)$ ergibt sich aus $\Delta G_1(P_q)$ durch Integration über das Kristallvolumen V) und daraus das Schwankungsquadrat der Fourierkomponente $\overline{|P_q|^2}$ bestimmen:

$$\overline{|P_q|^2} = \frac{kT}{\{A(T - T^c) + \delta q^2\} V}.$$

Hieraus erkennt man, daß die Schwankungen der langwelligen Komponenten ($q \to 0$) bei Annäherung an den Curiepunkt gegen Unendlich gehen.

Nun kann man schließlich das Schwankungsquadrat der Polarisation insgesamt berechnen und abschätzen, in welchem Temperaturbereich es nicht mehr gegenüber dem Gleichgewichtswert des Quadrates der spontanen Polarisation vernachlässigt werden kann. Allerdings müssen zuvor noch einige weitere Annahmen gemacht werden, z. B. über den Koeffizienten δ, der die Korrelationsenergie beschreibt. Bezüglich der Größenordnung des Temperaturbereiches, in dem aufgrund der Fluktuationen Abweichungen der experimentellen Ergebnisse von den Aussagen der LANDAUschen Theorie zu erwarten sind, kann man mit einigen Zehntel Grad beiderseits der Curietemperatur einer Umwandlung zweiter Ordnung rechnen.

Es gibt Theorien, welche den Einfluß der Fluktuationen berücksichtigen [48, 50]. Darin wird gezeigt, daß in der Nähe oberhalb (doch nicht beliebig nahe) T^c für die Wärmekapazität, die elastischen Koeffizienten und die Ausdehnungskoeffizienten in kubischen Kristallen ein $(T - T^c)^{-1/2}$-Gesetz, in einachsigen ein $\ln (T - T^c)$-Gesetz gilt. Der Unterschied zwischen diesen beiden Fällen ist auf die starke Anisotropie der Wahrscheinlichkeit für die Fourierkomponenten der Fluktuationen in einachsigen Ferroelektrika zurückzuführen.

Abschließend sei bemerkt, daß es eine konsistente Theorie der Phasenumwandlungen im allgemeinen und bei den Ferroelektrika im besonderen noch nicht gibt. Man kann noch keinen exakten analytischen Ausdruck für die thermodynamische Potentialfunktion im Curiepunkt angeben. Daher ist es zu verstehen, daß zahlreiche experimentelle Arbeiten zur Untersuchung des Verhaltens der Kristalle in unmittelbarer Nähe des Curiepunktes durchgeführt werden müssen.

3. Domänenstruktur

3.1. Ursache der Domänenstruktur

3.1.1. Abmessungen der Domänen im thermodynamischen Gleichgewicht

Weil die thermodynamische Potentialfunktion eines Ferroelektrikums eine Funktion des Quadrats der Polarisation ist, hängt der Betrag nicht vom Vorzeichen des Vektors $\boldsymbol{P}^s$ ab. So besitzen für einachsige Kristalle die Zustände mit der Polarisation $+\boldsymbol{P}^s$ und $-\boldsymbol{P}^s$ dieselbe Stabilität. Dadurch ist die Möglichkeit für die Ausbildung von Bereichen mit unterschiedlichem Vorzeichen der spontanen Polarisation — der Domänen — gegeben. Die Vorzeichenumkehr erfolgt in den Domänenwänden, welche die homogen polarisierten Bereiche begrenzen. Weil sich hier die Richtung der spontanen Polarisation um 180° ändert, nennt man solche Begrenzungen, wie sie in einachsigen Ferroelektrika nicht anders vorkommen können, 180°-Wände (Abb. 29a). In vielachsigen Ferroelektrika, in denen es mehrere äquivalente, senkrecht aufeinander stehende kristallographische Richtungen für die spontane Polarisation gibt, existieren auch 90°-Wände (s. Abschn. 3.3.2, Abb. 29b).

Die Tatsache, daß ein ferroelektrischer Kristall eine Domänenstruktur besitzt, hat energetische Gründe:

Die Aufspaltung in Bereiche mit unterschiedlicher Richtung der spontanen Polarisation führt zu einer zusätzlichen Verringerung des Betrags der thermodynamischen Potentialfunktion. Im Folgenden wollen wir das für einachsige, nichtleitende Ferroelektrika näher

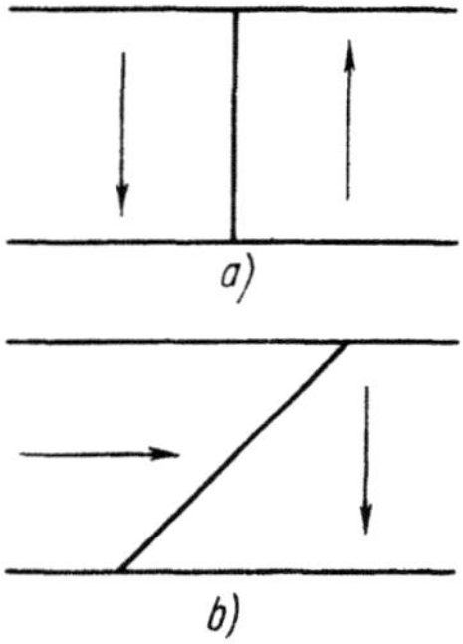

Abb. 29. Einfachste Beispiele für Domänenstrukturen a) 180°-Domänen; b) 90°-Domänen

untersuchen, wobei wir annehmen, daß mikroskopische und makroskopische Gitterdefekte und -inhomogenitäten fehlen, welche bestimmte Richtungen für die spontane Polarisation bevorzugen könnten.

Wie in Abschn. 1.2.1 gezeigt wurde, befinden sich auf der Oberfläche eines homogen polarisierten Kristalls gebundene elektrische Ladungen der Dichte $\sigma = P_\perp^s$. Diese sind für das sog. depolarisierende Feld E^{dep} verantwortlich, das die elektrostatische Energie

$$F^{\text{dep}} = \frac{1}{2} \int D E^{\text{dep}} \mathrm{d}V \qquad (3.1.1)$$

enthält. Abbildung 30 zeigt, wie sich die Feldenergie verringert, wenn der Kristall in Domänen zerfällt: Die räumliche Ausdehnung des elektrischen Feldes wird kleiner, weil ein großer Teil der Feldlinien unmittelbar in der Nähe der Kristalloberfläche „kurzgeschlossen“ ist.

Allerdings kann ein Kristall nicht in beliebig kleine Domänen aufspalten, weil die Wand zwischen Bereichen mit unterschiedlicher Richtung der spontanen Polarisation ihrerseits eine bestimmte Energie F^W enthält. Deshalb wird der Prozeß der Domänenbildung nur so

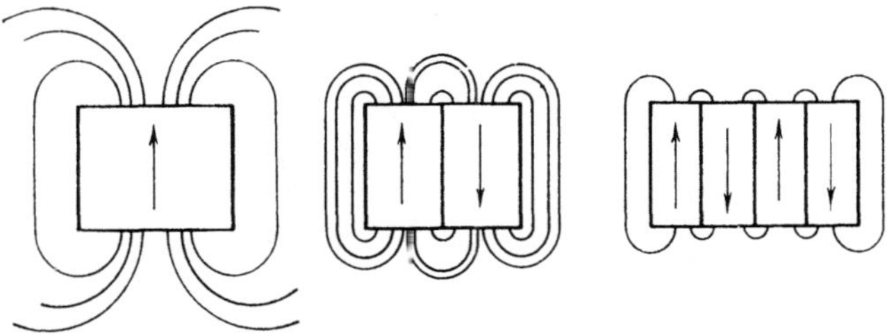

Abb. 30. Zur Verringerung der Energie des depolarisierenden Feldes bei der Ausbildung von Domänen

weit gehen, daß die Energie, die für die Bildung neuer Domänenwände erforderlich ist, nicht größer wird als die entsprechende Verringerung der Energie des depolarisierenden Feldes.

Beim Abkühlen eines Kristalls unter den Curiepunkt erfolgt die Domänenbildung zunächst zufällig bzw. statistisch, und die Domänenstruktur braucht nicht einem Zustand minimaler Energie zu entsprechen; es entsteht ein metastabiler Zustand. Ob sich die vorhandenen Domänen vergrößern oder weiter aufspalten, hängt von den elektrischen Randbedingungen ab. Wenn die Probe mit kurzgeschlossenen Elektroden versehen ist und die gebundenen Oberflächenladungen vollständig durch freie Ladungen kompensiert werden können ($E = 0$), so wird die Energie der metastabilen Domänenkonfiguration durch ein Domänenwachstum verkleinert, weil dabei der Flächeninhalt sämtlicher Domänenwände und somit auch deren Energieinhalt abnimmt. Der kurzgeschlossene (ideale) ferroelektrische Kristall befindet sich im Zustand minimaler Energie, wenn er eindomänig,

d. h. homogen polarisiert ist. In einem isolierten, von Leitern weit entfernten Kristall wird sich eine solche Domänenkonfiguration einstellen, daß $F^{\text{dep}} + F^{\text{W}}$ minimal wird. Um die entsprechende Domänengröße qualitativ abschätzen zu können, gehen wir von der Domänenstruktur eines einachsigen Ferroelektrikums aus, wie sie schematisch in Abb. 31 dargestellt ist. Die Domänen

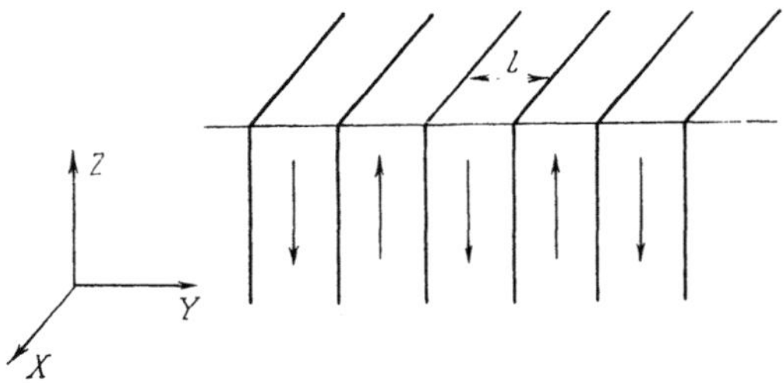

Abb. 31. Modell einer Domänenstruktur zur Berechnung der Domänengröße im thermodynamischen Gleichgewicht

besitzen die Form planparalleler Schichten, die sich durch den ganzen Kristall hindurch erstrecken. Die Y-Achse steht senkrecht zur Schicht, die spontane Polarisation hat die Richtung der Z-Achse. Wir bestimmen die Energie des depolarisierenden Feldes pro Quadratmeter der Oberfläche, auf der sich Streifen mit der Ladungsdichte $\sigma = \pm P_\perp^{\text{s}}$ miteinander abwechseln [39]. Die Größe σ ist also eine periodische Funktion von y mit der Periode $2l$:

$$\sigma = P_\perp^{\text{s}} \quad \text{für} \quad -l < y < 0;$$
$$\sigma = -P_\perp^{\text{s}} \quad \text{für} \quad 0 < y < l.$$

Ihre Fourierentwicklung hat die Form

$$\sigma(y) = \sum_{n=0}^{\infty} c_n \sin \frac{(2n+1)\pi y}{l}; \qquad c_n = \frac{4P_\perp^{\text{s}}}{\pi(2n+1)}.$$

Für das elektrostatische Potential φ, das der LAPLACEschen Gleichung

$$\frac{\partial^2 \varrho}{\partial x^2} + \frac{\partial^2 \varrho}{\partial y^2} + \frac{\partial^2 \varrho}{\partial z^2} = 0, \qquad (3.1.2)$$

genügen muß, suchen wir eine Reihe der Form

$$\varphi(y, z) = \sum_{n=0}^{\infty} b_n \sin \frac{(2n+1)\pi y}{l} e^{\pm\frac{(2n+1)\pi z}{l}}. \qquad (3.1.3)$$

Die Koeffizienten b_n können aus der Grenzbedingung für die Normalkomponente der elektrischen Feldstärke bestimmt werden:

$$-\left.\frac{\partial \varphi}{\partial z}\right|_{z=+0} + \left.\frac{\partial \varphi}{\partial z}\right|_{z=-0} = \frac{\sigma(y)}{\varepsilon_0}. \qquad (3.1.4)$$

Setzen wir (3.1.4) in Gl. (3.1.3) ein, so erhalten wir

$$\varepsilon_0 b_n = \frac{2l}{2n+1} c_n. \qquad (3.1.5)$$

Die elektrische Feldenergie in der Nähe der Kristalloberfläche ist gegeben durch

$$F^{\text{dep}} = \frac{1}{2} \int \sigma(y)\, \varphi(y, 0)\, dx\, dy,$$

wobei über die Ebene $z = 0$ zu integrieren ist. Beziehen wir das auf die Flächeneinheit, so ergibt sich für die „Flächendichte" der Energie des depolarisierenden Feldes

$$F_0^{\text{dep}} = \frac{1}{2} \frac{1}{2l} \int_{-l}^{+l} \sigma(y)\, \varphi(y, 0)\, dy = \frac{1}{4} \sum_{n=0}^{\infty} c_n b_n.$$

Indem wir die Werte für die Koeffizienten b_n und c_n einsetzen, erhalten wir für die gesuchte Größe

$$F_0^{\text{dep}} = \frac{8lP_{\perp}^{\text{s}^2}}{\pi^2\varepsilon_0} \sum_{n=0}^{\infty} \frac{1}{(2n+1)^3} = \frac{0{,}851}{\varepsilon_0} P_{\perp}^{\text{s}^2} l, \qquad (3.1.6)$$

weil die Summe in dieser Gleichung gleich 1,052 ist. Berücksichtigen wir noch, daß eine Probe endlicher Dicke eine Ober- und eine Unterseite besitzt, so finden wir schließlich für die elektrostatische Feldenergie pro Quadratmeter den Wert $2 \cdot 0{,}852\, P_{\text{s}\perp}^{2} l/\varepsilon_0$.

Die Gl. (3.1.6) ist insofern nicht vollständig korrekt, weil wir bei der Lösung der LAPLACEschen Gleichung nicht den Einfluß des depolarisierenden Feldes auf die Dichte der gebundenen Ladung auf der Kristalloberfläche berücksichtigt hatten. In einer exakten Lösung ist $\varphi(y, z)$ eine selbstkonsistente Potentialverteilung, welche die Veränderung der Polarisation unter der Einwirkung des Feldes E^{dep} berücksichtigt. Außerdem ist die LAPLACE-Gleichung innerhalb und außerhalb des Kristalls für die entsprechenden Grenzbedingungen zu lösen [52]. In diesem Falle ergibt sich für die Energie des depolarisierenden Feldes

$$F^{\text{dep}} = \frac{1{,}7}{\varepsilon_0} k P_{\perp}^{\text{s}^2} l, \qquad (3.1.7)$$

mit

$$k = \frac{2}{1 + (\varepsilon_y{}^r \varepsilon_z{}^r)^{1/2}}.$$

Darin sind $\varepsilon_y{}^r$ und $\varepsilon_z{}^r$ die relativen Dielektrizitätskonstanten des Eindomänenkristalls für die Richtungen senkrecht und parallel zur spontanen Polarisation. Weil bei vielen Ferroelektrika die Dielektrizitätskonstante auch weit unterhalb des Curiepunktes viel größer als Eins ist, verringert der Faktor k die elektrostatische Feldenergie des Kristalls ganz wesentlich. So ist z. B. für 180°-Domänen des Bariumtitanats bei Raumtemperatur mit $\varepsilon_y = 4100$ und $\varepsilon_z = 160$ $k = 2{,}7 \cdot 10^{-3}$.

Wir bestimmen jetzt die Wandenergie, wobei wir die Energiedichte γ_0 als gegeben annehmen. Unter einem Quadratmeter Kristalloberfläche befinden sich $1/l$ Domänenwände, von denen jede den Flächeninhalt $1 \cdot h$ besitzt, wenn h die Dicke des Kristalls ist. Somit ergibt sich für die auf die Flächeneinheit bezogene gesamte Wandenergie

$$F^{\mathrm{w}} = \gamma_0 \frac{h}{l}. \tag{3.1.8}$$

Für die gesamte Energie pro Quadratmeter Kristalloberfläche erhalten wir

$$F = F^{\mathrm{dep}} + F^{\mathrm{w}} = \frac{1{,}7}{\varepsilon_0} k(P_\perp{}^{\mathrm{s}})^2 l + \gamma_0 \frac{h}{l}.$$

Weil diese im Gleichgewicht minimal sein muß,

$$\frac{\partial F}{\partial l} = -\gamma_0 \frac{h}{l^2} + \frac{1{,}7}{\varepsilon_0} k P_\perp{}^{\mathrm{s}2} = 0,$$

erhalten wir für die Domänenbreite

$$l = \left(\gamma_0 \frac{\varepsilon_0 h}{1{,}7 k (P_\perp{}^{\mathrm{s}})^2}\right)^{1/2}. \tag{3.1.9}$$

Für Seignettesalz konnte diese Beziehung zwischen der Domänenbreite l und der Kristalldicke h $(l \approx h^{1/2})$ experimentell bestätigt werden [52]. Aus den für l, h und P^{s} bestimmten Werten ergab sich für die Flächendichte der Wandenergie $\gamma_0 = 8 \cdot 10^{-5}$ J/m². Für andere Ferroelektrika liegen keine genauen Meßergebnisse über die Beziehung $l(h)$ vor. Im Falle des Bariumtitanats wurde mit Hilfe von Gl. (3.1.9) für die Breite von 180°-Domänen die Größenordnung 10^{-6} m abgeschätzt, was mit experimentellen Werten gut übereinstimmt [23].

Gleichung (3.1.9) gilt nur für den Fall, daß die Ausbildung der Domänenstruktur in Abwesenheit freier Ladungen auf der Kristalloberfläche erfolgt. Reale

Kristalle besitzen jedoch eine nicht verschwindende Leitfähigkeit, und dadurch werden die beim Abkühlen unter den Curiepunkt auftretenden gebundenen Ladungen zum Teil kompensiert. Deshalb werden die mittleren Abmessungen der Domänen größer sein als die nach Gl. (3.1.9) berechneten. Ebenso wird die nach dieser Beziehung abgeschätzte Dichte der Wandenergie γ_0 zu groß ausfallen. Aus all dem geht hervor, daß die Abmessung der Domänen keine physikalische Kenngröße eines Kristalls ist. Die Domänenstruktur eines Ferroelektrikums beim Fehlen eines äußeren elektrischen Feldes wird vielmehr bestimmt durch die Abmessungen und die Form der Probe, durch die elektrischen Bedingungen, denen sie unterliegt, und durch Gitterdefekte, welche die Lokalisierung und Richtung der spontanen Polarisation vorausbestimmen.

3.1.2. Wandenergie, Wanddicke

In der Energiebilanz, welche die Domänenstruktur bestimmt, spielt die in einer Domänenwand enthaltene Energie eine wesentliche Rolle. Außerdem interessieren die Dicke der Übergangsschicht, die Art und Weise, wie sich in ihr die Polarisation ändert, sowie ihre Orientierung. Für die folgenden Betrachtungen legen wir einen ebenen Bereich zugrunde, der zwei unendlich ausgedehnte Domänen mit entgegengesetzten Richtungen der spontanen Polarisation trennt und durch den Einheits-Normalen-Vektor $\boldsymbol{n}$ orientiert ist (Abb. 32).

Eine 180°-Domänenwand muß so orientiert sein, daß ihre Normale zum Vektor der spontanen Polarisation senkrecht steht:

$$\boldsymbol{P}^{\mathrm{s}}\boldsymbol{n} = 0. \tag{3.1.10}$$

Bei Abwesenheit freier Ladungen muß nämlich die Normalkomponente der elektrischen Verschiebung stetig sein:

$$D_{\mathrm{n}}^{(1)} = D_{\mathrm{n}}^{(2)}.$$

Wenn die elektrische Feldstärke in benachbarten Domänen gleich groß (bzw. gleich Null) ist, müssen auch die Normalkomponenten der elektrischen Polarisation einander gleich sein:

$$P_n^{(1)} = P_n^{(2)}.$$

Für eine 180°-Wand ist das aber nur für den Gl. (3.1.10) entsprechenden Fall erfüllt.

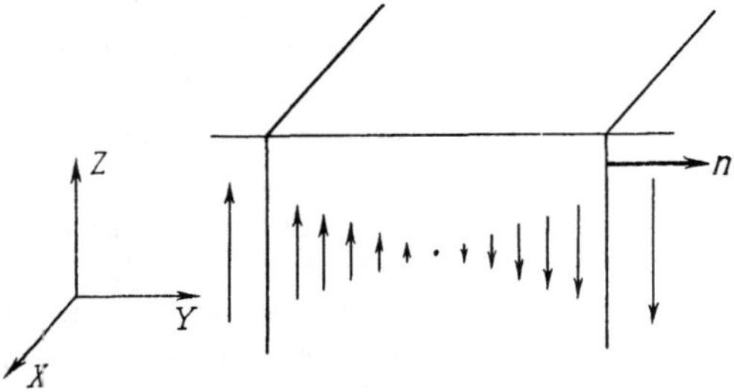

Abb. 32. Modell einer 180°-Domänenwand

Steht $\boldsymbol{n}$ nicht senkrecht auf $\boldsymbol{P}^s$, so befinden sich auf der Domänenwand gebundene Ladungen, welche der Divergenz von $\boldsymbol{P}$ entsprechen. Damit verbunden ist ein elektrisches Feld der Divergenz

$$\varepsilon_0 \operatorname{div} \boldsymbol{E} = -\operatorname{div} \boldsymbol{P},$$

welches zu einer Vergrößerung der Wandenergie beiträgt.

Die Struktur und die Energie einer Domänenwand kann aus dem Minimum der thermodynamischen Potentialfunktion in der Übergangsschicht bestimmt werden [53]. Zu diesem Zweck betrachten wir die einzelnen Beiträge, aus denen sich die Energie der Domänenwand zusammensetzt.

a) *Kristallenergie.* Bei den Betrachtungen über die thermodynamische Potentialfunktion eines kubischen

Kristalls (Gl. (2.3.1), (2.3.4)) haben wir festgestellt, daß ihr Betrag von der Richtung der spontanen Polarisation abhängt. Für ein gegebenes Temperaturintervall besitzt die Potentialfunktion ihr Minimum für eine bestimmte Richtung der spontanen Polarisation. Eine Richtungsänderung führt zu einer Energiezunahme, welche man als Kristallenergie bezeichnet. Ihr Beitrag zur freien Energie wird im Folgenden durch F^{an} (Anisotropieenergie) gekennzeichnet.

Innerhalb einer Domänenwand muß sich die Richtung der spontanen Polarisation um 180° (bzw. um 90°) ändern. Dies erfolgt in einer Schicht endlicher Dicke, in der die Energiedichte größer ist als in den homogen polarisierten Bereichen innerhalb der Domänen.

b) *Elastische Energie.* Die spontane Polarisation ist mit einer spontanen Dehnung verbunden (s. z. B. Gln. (3.2.2—4)). Da sich $\boldsymbol{P}_s$ in der Domänenwand ändert, kann es in ihr zu elastischen Deformationen kommen. Diesen entspricht eine elastische Energie, deren Dichte zur freien Energiedichte beiträgt (Gl. (2.1.8)). Für Kristalle des kubischen Systems hat sie die Form

$$F^{\mathrm{el}} = \frac{c_{11}}{2}(S_1^2 + S_2^2 + S_3^2) + c_{12}(S_1 S_2 + S_2 S_3 + S_1 S_3) + \frac{c_{44}}{2}(S_4^2 + S_5^2 + S_6^2).$$

Hierin bedeuten die S_i die Dehnungskomponenten.

c) *Elektromechanische Wechselwirkungsenergie.* Dieser Energieanteil rührt von der Wechselwirkung zwischen der mechanischen Deformation und der elektrischen Polarisation her. Er wird durch die piezoelektrischen (Gln. (2.1.8—10)) und — in zentrosymmetrischen Kristallen allein — durch die elektrostriktiven Konstanten q_{mni} beschrieben. Dem Beitrag der Elektrostriktion zur freien Energiedichte entspricht ein Ausdruck der Form

$$q_{mni} P_m P_n S_i .$$

Für Bariumtitanat, für welches das Schema der elektrostriktiven Konstanten in Gl. (3.2.1) gegeben ist, ergibt sich

$$
\begin{aligned}
F^{\text{el mech}} = {} & q_{111}(P_1^2 S_1 + P_2^2 S_2 + P_3^2 S_3) \\
& + q_{112}\{(P_2^2 + P_3^2)S_1 + (P_3^2 + P_1^2)S_2 \\
& + (P_1^2 + P_2^2)S_3\} + q_{234}(P_1 P_2 S_6 + P_1 P_3 S_5 \\
& + P_2 P_3 S_4).
\end{aligned}
$$

d) *Korrelationsenergie.* Für eine Domänenwand, in der sich die spontane Polarisation ändert, muß im Ausdruck für die thermodynamische Potentialfunktion ein weiterer Energieanteil berücksichtigt werden, welcher durch die Inhomogenität der Polarisation bedingt ist. Dieser läßt sich durch die Ableitungen der Polarisation nach den Ortskoordinaten ausdrücken und muß von deren Vorzeichen unabhängig sein:

$$
\begin{aligned}
F^{\text{kor}} = {} & 1/2 \cdot \{\delta_{11}(\partial P^s/\partial x)^2 + \delta_{22}(\partial P^s/\partial y)^2 \\
& + \delta_{33}(\partial P^s/\partial z)^2 + 2\delta_{32}\partial P^s/\partial z \cdot \partial P^s/\partial_y \\
& + 2\delta_{31}\partial P^s/\partial z \cdot \partial P^s/\partial x + 2\delta_{12}\delta P^s/\partial x \cdot \partial P^s/\partial y\}.
\end{aligned}
$$

Hierin sind die δ_{ij} die Komponenten eines Tensors zweiter Stufe. Von diesen ist in kubischen Kristallen nur eine unabhängig:

$$
\begin{aligned}
F^{\text{kor}} & = 1/2 \cdot \delta\{(\partial P^s/\partial x)^2 + (\partial P^s/\partial y)^2 + (\partial P^s/\partial z)^2\} \\
& = 1/2 \cdot \delta(\nabla P^s)^2.
\end{aligned}
$$

Im thermodynamischen Gleichgewicht muß die gesamte Energie, d. h. die (von den Komponenten von $\boldsymbol{P}$ abhängige) Größe

$$
\int\limits_{(\text{Wand})} (F^{\text{an}} + F^{\text{el}} + F^{\text{el mech}} + F^{\text{kor}})\,\mathrm{d}V,
$$

minimal sein. Wie die Rechnung zeigt [53], gilt für die Polarisation in einer 180°-Domänenwand

$$P_1 = P_2 = 0; \ P_3 = P^s \operatorname{th}(y/a),$$

wobei P^s der Gleichgewichtswert der spontanen Polarisation im Innern einer Domäne bedeutet und a die Abmessung der Übergangsschicht kennzeichnet.

In der 180°-Domänenwand eines Ferroelektrikums findet also keine Drehung der Richtung der spontanen Polarisation statt, sondern es ändert sich nur der Betrag (s. Abb. 32).

Die Dichte der Wandenergie erhält man, indem man für einen Zylinder mit der Grundfläche 1 m² und einer Erzeugenden parallel zum Normalenvektor und damit zur y-Achse berechnet:

$$\gamma_0 = \int_{-\infty}^{\infty} (F - F^0) \, dy.$$

Dabei ist F^0 die freie Energiedichte des homogen polarisierten Ferroelektrikums.

Auf ähnliche Weise kann man 90°-Wände behandeln. Hier folgt aus der Grenzbedingung, d. h. Stetigkeit der Normalkomponente der Polarisation, $P_\perp = P^s/\sqrt{2}$.

Eine Abschätzung zeigt, daß die Dicke einer 180°-Wand beim Bariumtitanat im Bereich zwischen 5—20 AE liegt, d. h. sich nur über einige Gitterkonstanten erstreckt. Bei 90°-Wänden liegt die Dicke zwischen 50 bis 100 AE. Die Größenordnung der Wandenergiedichte liegt für 180°-Wände bei 10^{-2} J/m², für 90°-Wände bei einigen 10^{-3} J/m². — Eine ausführliche Rechnung für Seignettesalz [53] ergab eine Wandenergiedichte von $6 \cdot 10^{-5}$ J/m², was mit den experimentellen Ergebnissen von MITSUI und FURUICHI [52], welche die Abhängigkeit der Domänenabmessungen von der Probendicke untersuchten, recht gut übereinstimmt.

3.2. Gleichgewichtsformen und Symmetrie der Domänen

3.2.1. Ferroelektrika vom Typ I

Wie bereits in Abschn. 1.2.4 bemerkt, ist die Domänenstnuktur der Ferroelektrika außerordentlich labil. Sie verandert sich nicht nur unter dem Einfluß äußerer Parameter wie Temperatur, mechanische Spannungen

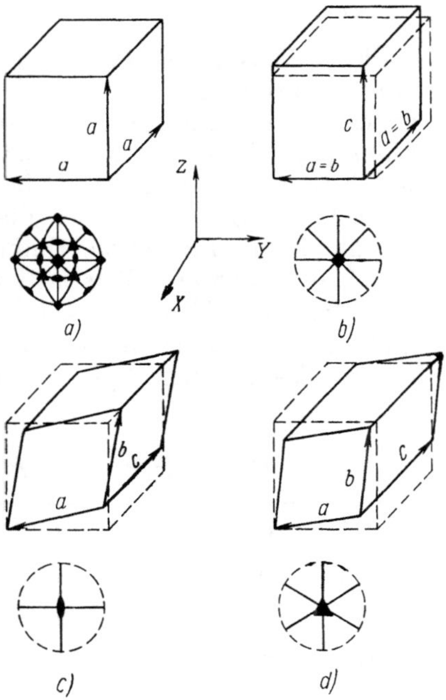

Abb. 33. Elementarzellen und Gleichgewichtsformen der Domänen von Bariumtitanateinkristallen a) paralektrische kubische; b) ferroelektrische tetragonale; c) ferroelektrische rhombische und d) ferroelektrische rhomboedrische Phase

und elektrische Feldstärke, sondern auch ohne äußere Einwirkung im Verlauf der Zeit (Alterung). Außerdem wirken sich alle Arten von Gitterdefekten sowie innere Spannungen sehr stark aus. Deshalb gibt eine experimentell beobachtete Domänenstruktur oft keine besonders gute Kenntnis über die Gleichgewichtsform der Domänen.

Die Gleichgewichtsform und Symmetrie der Domänen in einem idealen ferroelektrischen Einkristall wird hauptsächlich durch die spontane Deformation bestimmt, die bei Ferroelektrika des Typs I als spontane Elektrostriktion anzusehen ist:

$$S_i^{\mathrm{s}} = Q_{mni} P_m^{\mathrm{s}} P_n^{\mathrm{s}}.$$

Die Q_{mni} sind Elektrostriktionskonstanten, P_m^{s} ist eine Komponente der spontanen Polarisation.

Betrachten wir als erstes Beispiel das Bariumtitanat. Oberhalb des Curiepunktes (120 °C) gehört es zur hexoktaedrischen Form und besitzt die Symmetrie m3m. Abb. 33a zeigt eine schematische Darstellung der Elementarzelle und die stereographische Projektion. Unterhalb des Curiepunktes ist die spontane Polarisation zunächst parallel einer der drei vierzähligen Achsen der paraelektrischen Bezugsphase. Die Matrix der Elektrostriktionskonstanten hat für das kubische System die Form

	P_1^2	P_2^2	P_3^2	P_2P_3	P_1P_3	P_1P_2
S_1^{s}	Q_{111}	Q_{112}	Q_{112}	0	0	0
S_2^{s}	Q_{112}	Q_{111}	Q_{112}	0	0	0
S_3^{s}	Q_{112}	Q_{112}	Q_{111}	0	0	0
S_4^{s}	0	0	0	Q_{234}	0	0
S_5^{s}	0	0	0	0	Q_{234}	0
S_6^{s}	0	0	0	0	0	Q_{234}

(8.1)

Damit ergibt sich beim Auftreten der spontanen Polarisation, deren Richtung die z-Achse ([001]-Richtung) der polaren Phase bestimmt, für die spontane Dehnung

$$S_1^s = Q_{112} P_3^2;$$
$$S_2^s = Q_{112} P_3^2;$$
$$S_3^s = Q_{111} P_3^2.$$

Setzt man hierin die experimentell bestimmten Werte für die Elektrostriktionskonstanten des paraelektrischen Bariumtitanats [23]

$$Q_{111} = 0{,}11\ \mathrm{m^4/C^2};\ Q_{112} = -0{,}05\ \mathrm{m^4/C^2}$$

und der bei Zimmertemperatur gemessenen spontanen Polarisation ($P^s = 0{,}26\ \mathrm{C/m^2}$) ein, ergibt sich für die Komponenten der spontanen Dehnung

$$S_1^s = S_2^s = -0{,}0034;\ S_3^s = 0{,}0075.$$

Diese Werte stimmen gut mit den röntgenographisch bestimmten überein. Mit der spontanen Polarisation ist also eine Dilatation in derselben Richtung und eine Kontraktion senkrecht dazu verbunden (Abb. 33b). Dabei wird die in der paraelektrischen Bezugsphase kubische Elementarzelle tetragonal.

In gleicher Weise können die Änderungen der Elementarzelle des Bariumtitanats bei den beiden weiteren Phasenumwandlungen betrachtet werden. Unterhalb 0 °C ist die spontane Polarisation parallel zur [011]-Richtung, bezogen auf die kubische Zelle der paraelektrischen Bezugsphase. Demnach besitzt $\boldsymbol{P}^s$ die zwei gleich großen Komponenten P_2 und P_3, und für die spontane Dehnung erhalten wir anhand der Matrix (3.2.1)

$$\begin{aligned} S_1^s &= Q_{112}(P_2^2 + P_3^2), \\ S_2^s &= Q_{111} P_2^2 + Q_{112} P_3^2, \\ S_3^s &= Q_{112} P_2^2 + Q_{111} P_3^2, \\ S_4^s &= Q_{234} P_2 P_3. \end{aligned} \qquad (3.2.2)$$

Die ursprünglich kubische Elementarzelle erleidet also eine Kontraktion längs der x-Achse, gleich große Dilatationen längs y und z, sowie eine Scherung in der x-y-Ebene, so daß die Domänen hier rhombische Symmetrie besitzen (Abb. 33c).

Bei $-90\,°C$ geht die spontane Polarisation in die Richtung der Raumdiagonale über, d. h. $\boldsymbol{P}_s$ besitzt jetzt die drei gleich großen Komponenten P_1, P_2, P_3, und es folgt aus (3.2.1)

$$S_1^s = Q_{111}P_1 + Q_{112}(P_2^2 + P_3^2);$$

$$S_2^s = Q_{111}P_2 + Q_{112}(P_1^2 + P_3^2);$$

$$S_3^s = Q_{111}P_3 + Q_{112}(P_1^2 + P_2^2);$$

$$S_4^s = Q_{234}P_2P_3;$$

$$S_5^s = Q_{234}P_1P_3;$$

$$S_5^s = Q_{234}P_1P_2.$$

Die ursprünglich kubische Elementarzelle erleidet also hier gleich große Dilatationen in allen drei Achsenrichtungen und gleich große Scherungen in den Ebenen senkrecht dazu. Die Tieftemperaturphase des Bariumtitanats besitzt demzufolge rhomboedrische Symmetrie (Abb. 33d).

Interessante Eigenschaften besitzen die Domänen des TGS, eines anderen Ferroelektrikums vom Typ I. Oberhalb des Curiepunktes (49 °C) hat der paraelektrische Kristall monokline Symmetrie (2/m) (s. Abb. 34a). In der polaren Phase ist die spontane Polarisation parallel zur [010]-Richtung, der einzigen zweizähligen Achse (TGS ist ein einachsiges Ferroelektrikum). Weil die paraelektrische Bezugsphase ein Symmetriezentrum besitzt, hat die spontane Polarisation eine elektrostriktive spontane Dehnung zur Folge. Für die Klasse 2/m hat

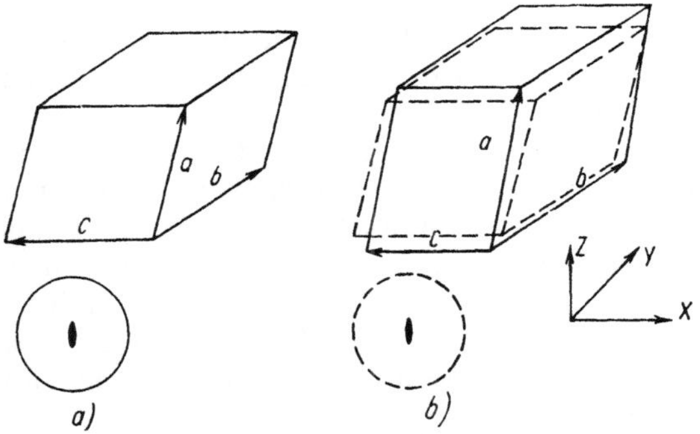

Abb. 34. Elementarzellen und Gleichgewichtsformen der Domänen von TGS a) paralektrische monokline Phase b) ferroelektrische monokline Phase

das Koeffizientenschema der elektrostriktiven Koeffizienten die folgende Form:

	P_1^2	P_2^2	P_3^2	P_2P_3	P_1P_3	P_1P_2
S_1^s	Q_{111}	Q_{221}	Q_{331}	0	Q_{135}	0
S_2^s	Q_{112}	Q_{222}	Q_{332}	0	Q_{132}	0
S_3^s	Q_{113}	Q_{223}	Q_{333}	0	Q_{133}	0
S_4^s	0	0	0	Q_{234}	0	Q_{124}
S_5^s	Q_{115}	Q_{225}	Q_{335}	0	Q_{135}	0
S_6^s	0	0	0	Q_{236}	0	Q_{126}

(3.2.4)

Damit erhalten wir:

$$S_1^s = Q_{221}P_2^2, \qquad S_3^s = Q_{223}P_2^2,$$
$$S_2^s = Q_{222}P_2^2, \qquad S_5^s = Q_{225}P_2^2. \tag{3.2.5}$$

Beim Übergang in die polare Phase erleidet die Elementarzelle eine Dehnung in allen drei Achsenrichtungen und eine Scherung in der Ebene senkrecht zur y-Achse. Dabei bleibt die monokline Symmetrie erhalten, nur die Spiegelebene verschwindet (Abb. 34b).

Aufgrund ihrer Symmetrie können die Domänen des TGS in zwei enantiomorphen Modifikationen existieren: in der Rechts- und in der Linksform. Daher unterscheiden sich die entgegengesetzt polarisierten Domänen im Vorzeichen der optischen Aktivität, d. h. im Drehsinn der Ebene des linear polarisierten Lichtes, jedoch nicht in der Form. Die Umpolarisation führt eine Domäne aus der Rechts- in die Linksform über und umgekehrt.

3.2.2. *Ferroelektrika vom Typ II*

Wir kommen jetzt zu den Ferroelektrika vom Typ II, die in der paraelektrischen Phase piezoelektrische Eigenschaften in den Richtungen aufweisen, die unterhalb des Umwandlungspunktes ferroelektrische Achsen werden. Auch für diesen Typ gibt es zwei Klassen, nämlich die vielachsigen und die einachsigen Ferroelektrika (s. Abschn. 1.3.2). Allerdings ist über die Domänenstruktur der vielachsigen Ferroelektrika dieses Typs noch nicht viel bekannt, weil die bekannten Beispiele — verschiedene Alaune — sehr niedrige Curietemperaturen besitzen [23]. Deshalb betrachten wir hier nur zwei gut bekannte einachsige Ferroelektrika dieses Typs, das Seignettesalz und Kaliumdihydrogenphosphat (KH_2PO_4, KDP). Weil diese in der paraelektrischen Phase nicht zentrosymmetrisch sind, ist bei ihnen die spontane Polarisation sowohl mit einer elektrostriktiven als auch mit einer piezoelektrischen spontanen Deformation gekoppelt:

$$S_i^{\mathrm{s}} = g_{mi} P_m^{\mathrm{s}} + Q_{mi} (P_m^{\mathrm{s}})^2. \qquad (3.2.6)$$

Hierin ist g_{mi} ein piezoelektrischer Koeffizient, m bezeichnet die Richtung der ferroelektrischen Achse. Da die Symmetrie der ferroelektrischen Domänen durch den piezoelektrischen Anteil bestimmt wird, berücksichtigen wir im Folgenden nur diesen.

Seignettesalz ist in der paraelektrischen Phase (oberhalb 24 °C) orthorhombisch (Abb. 35a) mit der Symme-

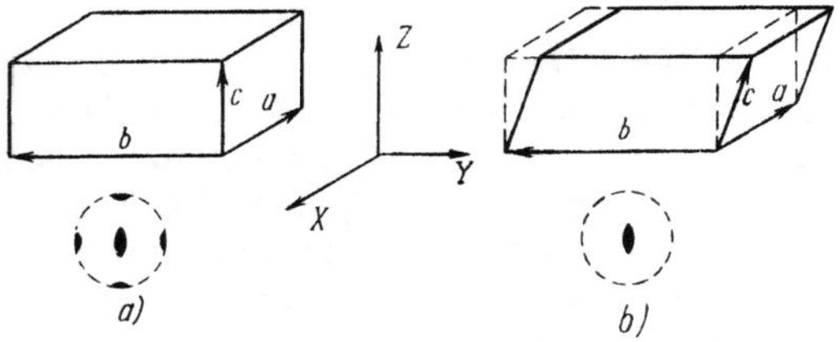

Abb. 35. Elementarzellen und Gleichgewichtsformen der Domänen von Seignettesalz a) paraelektrische rhombische Phase b) paraelektrische monokline Phase

trie (222). Für diese Kristallklasse hat das Schema der piezoelektrischen Koeffizienten die Form

	P_1	P_2	P_3
S_1	0	0	0
S_2	0	0	0
S_3	0	0	0
S_4	g_{14}	0	0
S_5	0	g_{25}	0
S_6	0	0	g_{36}.

(3.2.7)

Da unterhalb des Curiepunktes die spontane Polarisation in Richtung der x-Achse liegt, ergibt sich für die spontane Deformation

$$S_4^s = g_{14} P_1^s, \tag{3.2.8}$$

d. h., es tritt eine Scherung in der Ebene senkrecht zur x-Achse auf, und die Domänen sind monoklin (Abb. 35b).

(Üblicherweise müßte hier eine andere Zuordnung zwischen den kristallographischen Achsen und den Achsen des rechtwinkligen Koordinatensystems getroffen werden — die polare Achse müßte mit der y-Richtung zusammenfallen. Es ist jedoch zweckmäßiger, beim Koordinatensystem der Bezugsphase zu verbleiben.)

Durch die spontane Deformation verschwinden alle zweizähligen Symmetrieachsen bis auf die polare in [100]-Richtung. Deshalb weist der eindomänige Seignettesalzkristall, ebenso wie das Triglyzinsulfat, Enantiomorphie auf. Weil aber die spontane Deformation piezoelektrisch mit der spontanen Polarisation gekoppelt ist und mit dieser das Vorzeichen wechselt, haben die Domänen für beide Polarisationsrichtungen nur eine enantiomorphe (die Links-) Form.

Ganz ähnlich liegen die Verhältnisse beim Kaliumhydrogenphosphat (KDP). Oberhalb $-151\,°C$ ist es tetragonal und gehört zur Kristallklasse ($\bar{4}2\,m$). Die ferroelektrische Achse ist die [001]-Richtung. Das Schema der piezoelektrischen Koeffizienten hat für diese Kristallklasse die Form

	P_1	P_2	P_3
S_1	0	0	0
S_2	0	0	0
S_3	0	0	0
S_4	g_{14}	0	0
S_5	0	g_{14}	0
S_6	0	0	g_{36}.

(3.2.9)

Für die spontane Dehnung ergibt sich somit eine Scherung in der Ebene senkrecht zur polaren z-Achse:

$$S_6^{\mathrm{s}} = g_{36} P_3^{\mathrm{s}}.$$

Durch diese Scherung (Abb. 36) wird die Symmetrie einer ferroelektrischen Domäne orthorhombisch. Die neuen x- und y-Achsen sind um 45° gegenüber denen der Bezugsphase gedreht. Der Betrag der Scherung wurde 20 Grd. unterhalb des Umwandlungspunktes zu 27′ bestimmt.

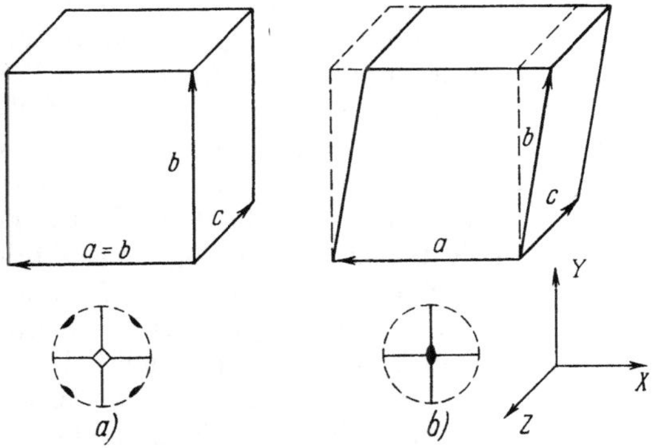

Abb. 36. Elementarzellen und Gleichgewichtsformen der Domänen des KDP a) paraelektrische tetragonale Phase b) ferroelektrische rhombische Phase

3.2.3. *Zur Punktsymmetrie ferroelektrischer Domänen*

Wie wir gesehen haben, bedeutet die Änderung der Elementarzelle der Ferroelektrika am Phasenumwandlungspunkt eine Änderung der Punktsymmetrie (s. Abbildungen 33–36). Das ist nicht nur wichtig für die Anordnung der Domänen (Domänenstruktur), sondern auch für die physikalischen Eigenschaften der ein- und vieldomänigen Ferroelektrika.

Man kann jedoch die Änderung der Punktsymmetrie auch auf eine andere, allgemeinere Art bestimmen, ohne daß man dabei die spontane Deformation kennen muß. Wie in Abschn. 1.1.3 gezeigt wurde, gehört eine bestimmte Domäne eines Ferroelektrikums zu einer der zehn polaren, pyroelektrischen Kristallklassen. Diese sind Untergruppen der Punktgruppe ∞ m, welche die Symmetrie der spontanen Polarisation P^s beschreibt. Eine ferroelektrische Phasenumwandlung muß daher mit einer Änderung der Punktsymmetrie in eine der zehn polaren Gruppen verbunden sein. Kennt man die Punktgruppe eines Kristalls in der paraelektrischen Phase und die Richtung, in der die spontane Polarisation entsteht, so kann man voraussagen, zu welcher Kristallklasse die Domänen des betrachteten Ferroelektrikums gehören werden [55]. Hierfür benutzen wir das Curiesche Symmetrieprinzip: Wenn man verschiedene Naturerscheinungen zu einem System zusammenfügt, so addieren sich deren „Dissymmetrien" (die fehlenden Symmetrieelemente). Es bleiben nur die Symmetrieelemente übrig, welche allen Erscheinungen, jede für sich genommen, gemeinsam sind. In Bezug auf unser physikalisches Problem kann man das Curiesche Prinzip in moderner Form folgendermaßen ausdrücken [55, 56]: Die Punktgruppe einer Domäne ist die höchste gemeinsame Untergruppe der Punktgruppe des paraelektrischen Kristalls und der speziellen Gruppe ∞ m für die gegebene Anordnung der Symmetrieelemente beider Gruppen.

Wenn z. B. die Symmetrie eines paraelektrischen Kristalls der Punktgruppe $\bar{4}$2m entspricht und die spontane Polarisation in der [001]-Richtung auftritt (wie im Falle des KDP), so erniedrigt sich die Symmetrie der ferroelektrischen Domänen zur orthorhombischen. Wenn wir nämlich den Polarisationsvektor in die angegebene Richtung legen und die gemeinsamen Symmetrieelemente heraussuchen, so erhalten wir die Punktgruppe mm. Diese ist die höchste gemeinsame Untergruppe der Punktgruppen $\bar{4}$2m und ∞m. Andere Untergruppen dieser beiden Gruppen bei derselben gegenseitigen Anordnung ihrer Symmetrieelemente, nämlich 2, m und 1, sind nicht die höchsten und entsprechen demzufolge nicht dem Curieschen Prinzip.

Wenn die spontane Polarisation parallel [100] ist, so

gibt es für die Gruppen $\bar{4}2m$ und ∞m nur eine zweizählige Achse als gemeinsames Symmetrieelement, und die ferroelektrischen Domänen besitzen die Symmetrie 2. Bildet sich die spontane Polarisation längs [110] aus, so erniedrigt sich die Symmetrie zur polaren Gruppe m. Bei beliebiger Richtung [hkl] der spontanen Polarisation ist die Symmetrie der ferroelektrischen Domänen 1. Auf entsprechende Weise kann man die Punktsymmetrie sämtlicher möglichen polaren Phasen bei beliebiger Richtung des Polarisationsvektors untersuchen, die sich aus den 32 Punktgruppen ergeben können. — In Tabelle 2 sind die Symmetrieänderungen angegeben, die bei Phasenumwandlungen aus den Klassen des tetragonalen Systems möglich sind.

Tabelle 2

Die möglichen Symmetrieänderungen eines Kristalls des tetragonalen Systems bei der Umwandlung von der paraelektrischen in eine polare (ferroelektrische) Phase

Richtung der spontanen Polarisation	Punktgruppen der paraelektrischen Bezugsphasen						
	4/mmm	4mm	4/m	42	4	42m	$\bar{4}$
	Punktgruppen der ferroelektrischen Phasen						
[001]	4(2)	4mm(1)	4(2)	4(2)	4(1)	mm(2)	2(2)
[100]	mm(4)	m(4)	m(4)	2(4)	1(4)	2(4)	1(4)
[110]	mm(4)	m(4)	m(4)	2(4)	1(4)	2(4)	1(4)
[hk0]	m(8)	1(8)	1(8)	1(8)	1(4)	1(8)	1(4)
[h0l]	m(8)	m(4)	1(8)	1(8)	1(4)	1(8)	1(4)
[hhl]	m(8)	m(4)	1(8)	1(8)	1(4)	m(4)	1(4)
[hkl]	1(16)	1(8)	1(8)	1(8)	1(4)	1(8)	1(1)

Selbstverständlich wird nicht jeder Kristall, der zu diesen Kristallklassen gehört, bei Veränderung der Temperatur eine Phasenumwandlung mit den in Tab. 2 angegebenen möglichen Symmetrieänderungen erleiden. Es kann sein, daß ein Kristall gar keine oder nur solche Umwandlungspunkte aufweist, bei denen keine spontane Polarisation auftritt. Wenn jedoch polare Domänen entstehen, dann besitzen sie eine der in Tab. 2 angegebenen Punktsymmetrien. Die obigen Symmetriebedingungen sind also notwendig, aber nicht hinreichend. Sie sind für die Symmetrieänderungen aller z. Z. bekannten Ferroelektrika erfüllt.

Tabelle 3

Punktsymmetrie (Kristallklasse) der paraelektrischen Phase und der ferroelektrischen Domänen einiger Ferroelektrika

Ferroelektrikum	Symmetrie der paraelektrischen Phase	Richtung der spontanen Polarisation	Symmetrie der ferroelektrischen Phase
Seignettesalz	222	[100]	2
KDP	$\bar{4}2$ m	[001]	mm
Bariumtitanat	m3m	[001]	4mm
		[110]	mm
		[111]	3m
TGS	2/m	[010]	2
Natriumnitrit	mmm	[001]	mm

In Tab. 3 sind die Kristallklassen einiger Ferroelektrika sowohl für die paraelektrische als auch für die polaren Phasen angegeben. Das bezieht sich jedoch nur auf die Form und Symmetrie einzelner Domänen. Ihre Anordnung im Kristall untersuchen wir im Folgenden.

3.3. Domänenstruktur

3.3.1. Makroskopische Symmetrie des Vieldomänenkristalls

Unterhalb des Umwandlungspunktes kann die spontane Polarisation mit gleicher Wahrscheinlichkeit in einer der äquivalenten Richtungen auftreten (z. B. in KDP längs [001] und [00$\bar{1}$], in Bariumtitanat längs einer der sechs Würfelkantenrichtungen). Die Anzahl der äquivalenten Richtungen n ist gegeben durch die Ordnungen der Punktgruppen der paraelektrischen und der polaren Phase N_1 und N_2 [55]:

$$n = N_1/N_2.$$

In Tab. 2 ist in Klammern hinter dem Symbol der Kristallklasse der Domäne die Anzahl der Richtungen der spontanen Polarisation für die Übergänge aus den tetragonalen Kristallklassen angegeben.

Aus energetischen Überlegungen kann man schließen, daß ein Kristall bei der Aufspaltung in Domänen die Form beibehält, die er in der paraelektrischen Phase besaß. Dazu müssen sich die Domänen bezüglich der äquivalenten kristallographischen Richtungen so anordnen, daß sich das vieldomänige Ferroelektrikum in seiner makroskopischen Symmetrie nicht von der paraelektrischen Bezugsphase unterscheidet. Dabei wird der Kristall zu einem Vielzwilling mit verschwindender Polarisation. Die Domänen sind die Komponenten dieses Zwillings. Diejenigen Symmetrieelemente der paraelektrischen Bezugsphase, die bei der Phasenumwandlung verlorengehen, werden die Elemente der Zwillingsbildung [57, 58].

Wenn ein ferroelektrischer Kristall durch die Aufspaltung in Domänen makroskopisch wieder dieselbe Symmetrie annimmt wie in der paraelektrischen Bezugsphase, so bezieht sich das nicht nur auf die äußere Form und die Polarisation, sondern auch auf alle physikalischen Eigenschaften, die durch die makroskopische Symmetrie bestimmt werden. Besitzt z. B. ein Kristall in der paraelektrischen Phase kein Symmetriezentrum und daher piezoelektrische Eigenschaften, so ist auch der ferroelektrische Vieldomänenkristall piezoelektrisch. Wenn aber die paraelektrische Phase zentrosymmetrisch ist, dann besitzt der entsprechende Vieldomänenkristall eine zentrosymmetrische Domänenanordnung und damit keine piezoelektrischen Eigenschaften (s. Abschn. 4.3.4).

Das alles gilt natürlich nur unter den zu Beginn von Abschn. 3.1.1 genannten Voraussetzungen, daß es keine

Vorzugsrichtung für die Domänen gibt, z. B. aufgrund einer ungleichmäßigen Verteilung von Gitterdefekten.

3.3.2. Domänenstruktur des Bariumtitanats

Nach den vorangehenden allgemeinen Betrachtungen wenden wir uns jetzt der Domänenstruktur der Ferroelektrika vom Typ I zu. Als besonders allgemeines und interessantes Beispiel untersuchen wir die Domänenanordnung im Bariumtitanat. Dabei gehen wir vor allem auf die tetragonale Phase ein. Damit hier der Kristall makroskopisch dieselbe Symmetrie besitzt wie in der paraelektrischen Bezugsphase, müssen die Domänen bezüglich der sechs äquivalenten Richtungen der spontanen Polarisation so angeordnet sein, wie es schematisch in Abb. 37a gezeigt ist. Hieraus sind viele Eigenschaften

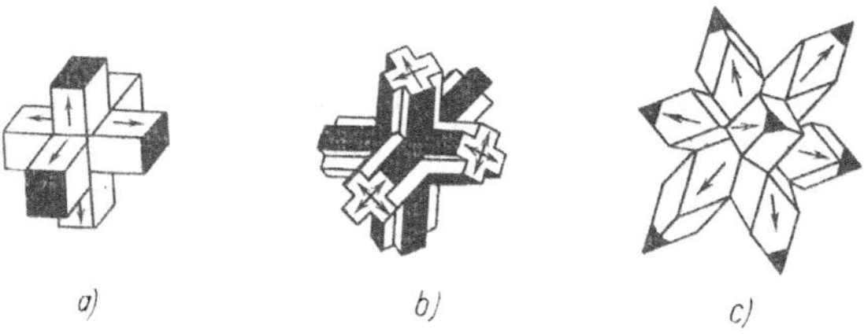

Abb. 37. Schematische Darstellung der Domänenstruktur des Bariumtitanats (positive Enden der Domäne sind geschwärzt) a) tetragonale, b) rhombische und c) rhomboedrische Phase

der Domänenstruktur dieses Ferroelektrikums zu ersehen. Zunächst geht daraus hervor, daß es in einem Kristallplättchen, das senkrecht [001] orientiert ist, zwei Arten von Domänen gibt. Bei denen vom ersten Typ ist die spontane Polarisation parallel oder antiparallel der pseudokubischen [001]-Richtung. Man bezeichnet sie als *c*- oder 180°-Domänen. Im zweiten Fall steht die spontane Polarisation senkrecht auf der [001]-

Richtung, P_s ist also parallel bzw. antiparallel einer der beiden *a*-Achsen (bezogen auf die *c*-Domänen). Daher nennt man diese Bereiche *a*- oder 90°-Domänen. Zwischen diesen zwei Arten gibt es drei Typen von Domänenwänden: 180°-Wände zwischen *c*-Domänen, 90°-Wände zwischen *a*-Domänen und 90°-Wände zwischen *c*- und *a*-Domänen. Die 180°-Wände sind pseudokubische (100)- und (010)-Flächen, die 90°-Wände (110)- bzw. (011)- oder (101)-Flächen. Weil das Achsenverhältnis c/a von 1 verschieden ist, unterscheidet sich der Winkel zwischen *a*-Domänen von 90° um den Betrag

$$2 \arctan\left(\frac{c-a}{a}\right) \approx 36',$$

und zwar für Raumtemperatur, wo $c/a = 1{,}01$ ist.

Beim Bariumtitanat wurde die Domänenstruktur hauptsächlich mit der polarisationsoptischen [22] und der Ätz-Methode [59] untersucht.

In der paraelektrischen Phase ist das Bariumtitanat kubisch und somit optisch isotrop. Mit dem Auftreten der spontanen Polarisation werden die tetragonalen Domänen optisch einachsig (s. Abschn. 4.4.1), wobei die optische Achse mit der polaren vierzähligen Achse zusammenfällt. Betrachtet man eine Kristallplatte aus Bariumtitanat zwischen gekreuzten Polarisatoren, so sehen die *c*-Domänen immer dunkel aus, ganz gleich wie man sie um die *c*-Achse dreht. Die *a*-Domänen dagegen gelangen bei Drehung der Platte um 360° um die *c*-Achse viermal in Dunkelstellung. Weil der Winkel zwischen benachbarten *a*-Domänen um 36′ von 90° verschieden ist, werden diese bei Drehung des Tisches des Polarisationsmikroskops nicht gleichzeitig dunkel. Daher kann man sie leicht, z. B. mit Hilfe eines $\lambda/4$-Blättchens, unterscheiden.

Der Vorteil der polarisationsoptischen Methode zur Untersuchung der Domänenstruktur des tetragonalen Bariumtitanats besteht darin, daß wegen der Reflexion des Lichtes an den Grenzen der a-Domänen und wegen der Doppelbrechung, die durch die mechanischen Spannungen an den Domänenwänden hervorgerufen wird, diese im polarisierten Licht gut zu erkennen sind. In

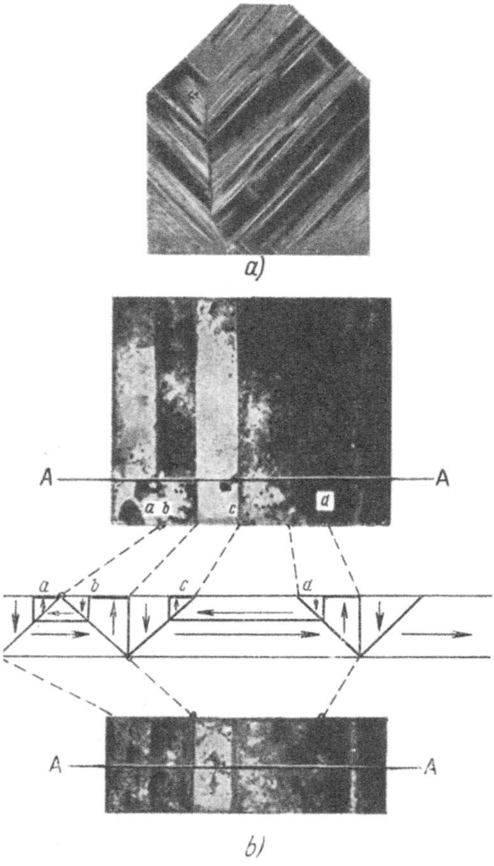

Abb. 38. Domänenstruktur eines Bariumtitanatkristalls a) polarisationsoptische Methode (die dunklen Bereiche sind c-, die hellen a-Domänen) b) Ätzmethode (mit schematischer Darstellung der Domänenstruktur)

Abb. 38a ist eine Aufnahme der Domänenstruktur eines Bariumtitanatkristalls im polarisierten Licht wiedergegeben. Die dunklen Bereiche sind *c*-Domänen, die hellen *a*-Domänen.

Mit der polarisationsoptischen Methode können auch *c*-Domänen untersucht werden. Hierzu ist es notwendig, das Rotationsellipsoid, das der optischen Indikatrix entspricht, zu deformieren. Das ist mit Hilfe des elektrooptischen oder des spannungsoptischen Effektes, d. h. durch Anlegen eines elektrischen Feldes bzw. einer mechanischen Spannung in [100]-Richtung möglich.

Nicht minder bedeutsame Resultate sind mit der Ätztechnik erzielt worden. Es wurde festgestellt [59], daß bei Bariumtitanatkristallen, wenn sie für einige Minuten in konzentrierte Salzsäure oder in verdünnte Flußsäure getaucht werden, die positiven Enden von *c*-Domänen viel rascher aufgelöst (geäzt) werden als ihre negativen, während die Ätzgeschwindigkeit für die Oberfläche von *a*-Domänen dazwischen liegt. Dadurch ist es möglich, die Richtung der spontanen Polarisation in den Domänen zu bestimmen. Man findet im allg. eine „Kopf an Schwanz-“ Anordnung für benachbarte Domänen, wodurch die Ladungsfreiheit der Domänenwand gewährleistet wird. Ein Beispiel hierfür zeigt Abb. 38b. Man sieht die Domänenstruktur der beiden gegenüberliegenden Oberflächen eines Kristalls, die nach dem Ätzen im reflektierten Licht photographiert worden sind, und dazwischen die schematische Darstellung der Domänenkonfiguration.

Die polarisationsoptische und die Ätzmethode liefern übereinstimmende Resultate hinsichtlich der Abmessungen der Domänen. Diese liegen bei den verschiedenen Kristallen zwischen 10^{-6} und 10^{-4} m.

Die Domänenstruktur des orthorhombischen und des rhomboedrischen Bariumtitanats ist bisher nur wenig untersucht worden. Jedoch kann man eine Vorstellung hierüber anhand der oben betrachteten allgemeinen Gesetzmäßigkeiten für die Domänenanordnung erhalten.

Wie bereits erwähnt, besitzt die rhombische Phase die Symmetrie mm. Damit die makroskopische Symmetrie mit der Punktgruppe m3m der paraelektrischen Bezugsphase übereinstimmt, müssen die Domänen entsprechend den zwölf äquivalenten Richtungen der spontanen Polarisation angeordnet sein, wie das in Abb. 37b schematisch gezeigt ist. Hieraus ist zu ersehen, daß die Domänenstruktur der rhombischen Phase folgende Domänenwände zuläßt: 60°-Wände parallel zu den pseudokubischen (011)-Flächen, 90°-Wände parrallel (001) und 180°-Wände. Derartige Domänenkonfigurationen wurden auch experimentell gefunden [60].

Die Domänenkonfiguration des rhomboedrischen Bariumtitanats ist in Abb. 37c dargestellt. Hier gibt es die folgenden drei Arten von Domänenwänden: 70° 32′-, 109° 28′- und 180°-Wände.

3.3.3. *Domänenstruktur des TGS*

Wir kommen jetzt zum Triglyzinsulfat (TGS). Wie in Abschn. 3.2.3 gezeigt, gibt es hier nur Domänen mit antiparalleler spontaner Polarisation, die sich nicht in der Form, wohl aber im Vorzeichen der Enantiomorphie unterscheiden. Wenn die Symmetrie der paraelektrischen Bezugsphase im ferroelektrischen Vieldomänenkristall erhalten bleiben soll, müssen die Domänen (Symmetrie 2) entsprechend den zwei äquivalenten Richtungen der spontanen Polarisation [010] und [0$\bar{1}$0] so angeordnet sein, wie in Abb. 39 gezeigt. Hier gibt es nur 180°-Wände.

Weil die Form entgegengesetzt polarisierter Domänen absolut identisch ist, können diese nicht polarisationsoptisch unterschieden werden. Daher konnte die Domänenstruktur des TGS nur mit der Ätzmethode untersucht werden. Aber auch die „Staub-Methode“ erwies sich hierfür geeignet.

Die geeignetsten Ätzmittel zum Nachweis von Domänen in TGS sind destilliertes Wasser, Methyl- und Äthylalkohol, Azeton, Äther usw. oder eine ungesättigte Lösung von TGS in Wasser [61]. Dabei werden die positiven Enden der Domänen — wie beim Bariumtitanat — stärker angeätzt und erscheinen deshalb im reflektierten Licht dunkler als die negativen.

Das Prinzip der Staubmethode beruht in Folgendem: Die Teilchen einer kolloidalen Lösung sind mit einer diffusen elektrischen Doppelschicht umgeben. Bringt man eine derartige Lösung auf die Oberfläche eines

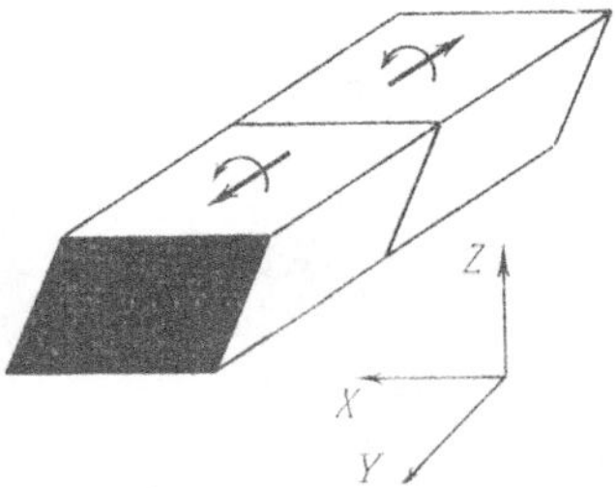

Abb. 39. Schematische Darstellung der Domänenstruktur des TGS

ferroelektrischen Vieldomänenkristalls, so werden sich die Teilchen je nach der Orientierung ihrer Doppelschicht bevorzugt auf den Gebieten mit positiver bzw. negativer Orientierung der spontanen Polarisation absetzen. Eine besonders geeignete Flüssigkeit zur Herstellung der kolloidalen Lösung ist Hexan, weil es eine geringe Viskosität und kleine Dielektrizitätskonstante besitzt und sich somit die Teilchen frei zu den entsprechenden Gebieten bewegen können. Als Pulver verwendet man gelben Schwefel, der sich an negativen Domänenenden abscheidet, und rotes Bleioxid (Pb_3O_4). Die Durchführung der Pulvermethode ist sehr einfach. Man braucht nur einige Tropfen der kolloidalen Lösung auf die Kristalloberfläche zu bringen und zu warten, bis das Hexan verdunstet ist.

Beim TGS wurden die verschiedensten Formen von Domänen gefunden, unter anderem keilförmige Streifen und Ellipsoide. Große Domänen erstrecken sich gewöhnlich durch den ganzen Kristall hindurch, wobei jedoch die Wände nicht immer parallel zur ferroelektrischen Achse verlaufen (Abb. 40a). Kleine linsenförmige Domänen, wie sie durch die Ätz- oder Pulvermethode auf der Kristalloberfläche senkrecht zur ferroelektrischen Achse in Erscheinung treten (Abb. 40b), erstrecken sich

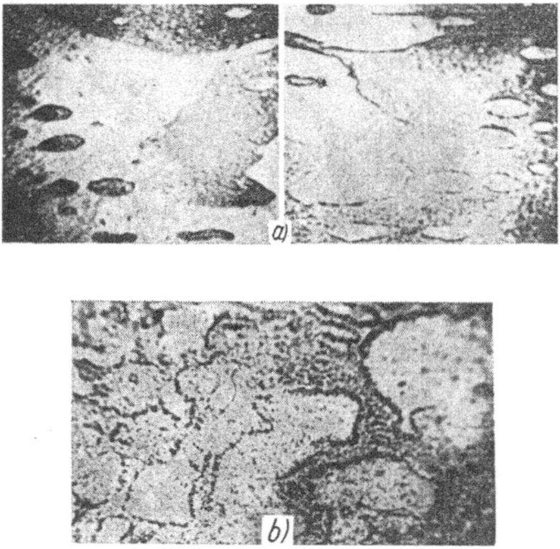

Abb. 40. Domänenstruktur von TGS-Kristallen a) Ätzfigur zweier gegenüberliegender Kristallflächen (mit Wasser geäzt); b) Staubfigur

auf begrenzte Bereiche innerhalb des Kristalls und besitzen die Form von Zigarren, die beiderseits angespritzt sind. Die Querabmessungen der Domänen liegen beim TGS zwischen einigen 10^{-1} und einigen Millimetern.

3.3.4. Domänenstruktur des Seignettesalzes und des KDP

Abschließend beschäftigen wir uns mit der Domänenstruktur einachsiger Ferroelektrika vom Typ II, des Seignettesalzes und des Kaliumdihydrogenphosphats.

Beim Seignettesalz ist die x-Achse die ferroelektrische Achse. Die spontane Polarisation kann nur parallel [100] und [$\bar{1}$00] sein. Daher gibt es nur 180°-Wände zwischen antiparallelen Domänen. Deren mögliche Anordnungen sind schematisch in Abb. 41 gezeigt. In einem Fall sind die Domänenwände (010)-Flächen, welche charakteristische Streifen parallel zur c-Achse (c-Domänen) ergeben (Abb. 41a). Im zweiten Fall sind die Domänenwände (001)-Flächen (b-Domänen).

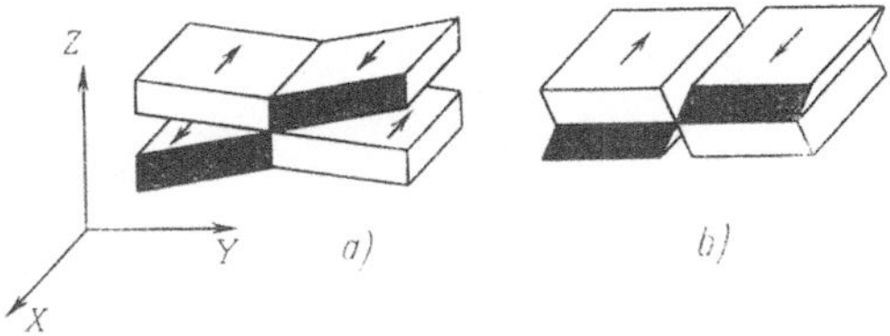

Abb. 41. Schematische Darstellung der Domänenstruktur des Seignettesalzes (positive Domänenenden geschwärzt), a) c-Domänen; b) b-Domänen

Im Seignettesalz kann man die Domänenstruktur leicht optisch nachweisen. Oberhalb des Curiepunktes fallen die Achsen der optischen Indikatrix mit den zweizähligen Achsen des orthorhombischen Kristalls zusammen. In der polaren Phase bleibt eine Achse der Indikatrix parallel zur a-Achse, während die beiden anderen in der Ebene senkrecht dazu aufgrund eines spontanen elektrooptischen Pockels-Effektes (s. Abschn. 4.4.2) um einen kleinen Winkel gegen die ursprünglichen Richtungen gedreht sind, und zwar für Domänen mit unterschiedlicher Polarisationsrichtung nach verschiedenen Seiten. Somit unterscheiden sich die Auslöschungsrichtungen für benachbarte antiparallele Domänen um einen kleinen, aber meßbaren Winkel. Bei 17 °C beträgt dieser 2,5°. Stellt man die Domänen eines Vorzeichens auf Dunkelheit ein, so sind die entgegengesetzt orientierten hell und umgekehrt. Abbildung 42 zeigt einige typische Domänenstrukturen des Seignettesalzes. In Abb. 42a und b sind gut die c- und b-Domänen zu erkennen. Oft sind sie keilförmig, wobei gelegentlich eine Domäne in zwei oder drei schmalere mit keilförmigen Enden aufspaltet. In einigen Fällen wurde festgestellt, daß breitere c-Domänen nicht einheitlich polarisiert waren, sondern aus kleineren b-Domänen unterschied-

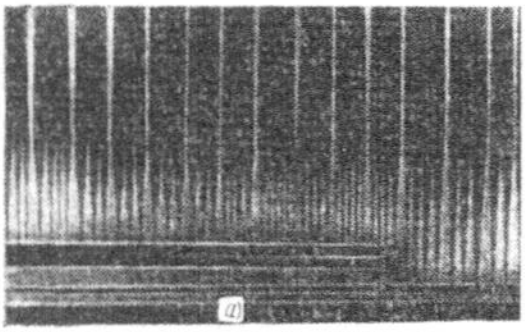

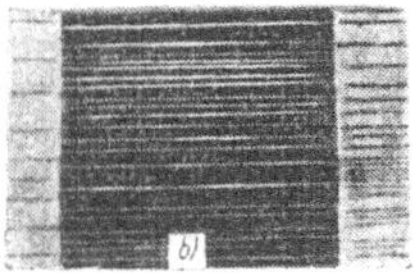

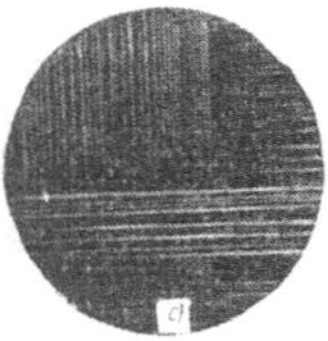

Abb. 42. Domänenstruktur von Seignettesalzkristallen (polarisationsmikroskopische Aufnahmen)

lichen Vorzeichens zusammengesetzt waren (und umgekehrt). Ein Beispiel dafür ist in Abb. 42c gezeigt. Die Breite der Domänen, die auf der Oberfläche von Seignettesalzkristallen erscheinen, liegt zwischen 10^{-6} und 10^{-2} m.

Die Domänenstruktur von KDP-Einkristallen ist in vieler Hinsicht derjenigen von Seignettesalz analog. Die spontane Polarisation ist von einer spontanen Scherung in der Ebene senkrecht zur polaren c-Achse begleitet. Dadurch entsteht eine orthorhombische Elementarzelle, deren Koordinatenachsen um 45° gegen die a-Achsen der tetragonalen Zelle der paraelektrischen Phase gedreht sind. Die einzig mögliche Anordnung der Domänen ist schematisch in Abb. 43 gezeigt. Da sich auch hier die Auslöschungsrichtungen entgegengesetzt polarisierter Domänen um einen kleinen Winkel voneinander unterscheiden, ist eine polarisationsoptische Beobachtung

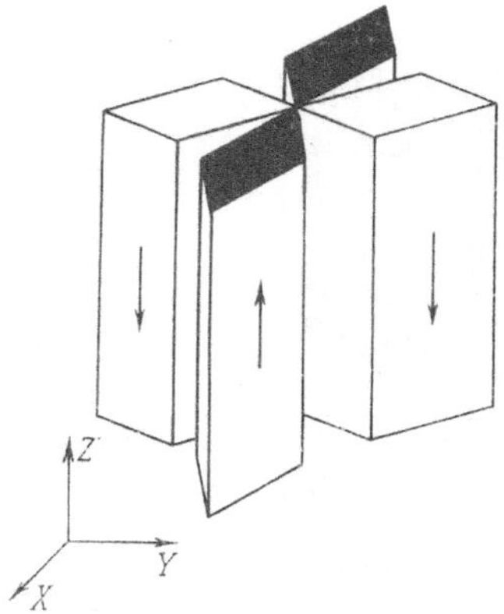

Abb. 43. Schematische Darstellung der Domänenstruktur des KDP

der Domänenstruktur möglich[63]. Wie man in Abb. 44a erkennt, sind die Domänenwände (Zwillingsgrenzen) (100)- oder (010)-Flächen. Dementsprechend unterscheidet man auch hier *a*- und *b*-Domänen. Ihre Abmessungen liegen zwischen $3 \cdot 10^{-6}$ und 10^{-5} m.

Eine andere Methode, die sich für die Untersuchung der Domänenstruktur des KDP [64], aber auch bei anderen Kristallen [64a] bewährt hat, ist die Tau-Methode. Diese beruht darauf, daß man auf der senkrecht zur ferroelektrischen Achse geschnittenen und polierten Kristalloberfläche eine geeignete Flüssigkeit kondensieren läßt. Zu diesem Zweck kann man z. B. den Kristall sehr stark abkühlen (z. B. mit flüssigem Stickstoff) und ihn dann mikroskopisch in wasserdampfhaltiger

Luft beobachten. Eine andere Möglichkeit besteht darin, daß man die Kristalloberfläche einem geeigneten Dampf höherer Temperatur aussetzt [64a]. Die Kondensation erfolgt bevorzugt an den Domänengrenzen, wo starke Gradienten der elektrischen Feldstärke existieren. Abbildung 44b zeigt ein Domänenbild, das mit dieser Methode gewonnen worden ist.

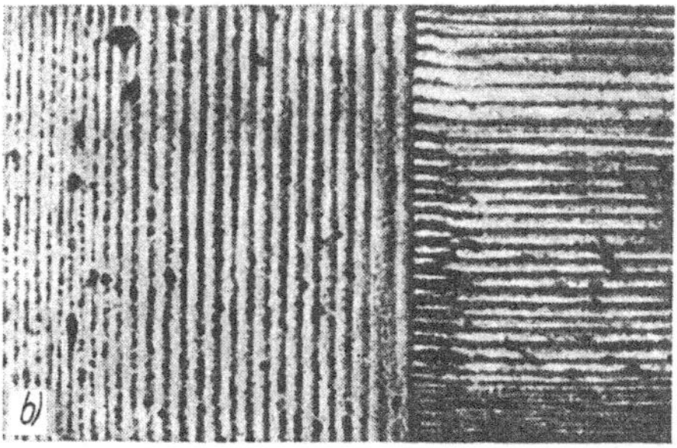

Abb. 44. Domänenstruktur von KPD-Kristallen a) polarisationsmikroskopische Aufnahme b) Nachweis mit der Taumethode

4. Physikalische Eigenschaften der Ferroelektrika

4.1. Spontane Polarisation und Koerzitivfeldstärke

4.1.1. Messung der spontanen Polarisation

Die wichtigste elektrische Eigenschaft der Ferroelektrika ist die spontane Polarisation. Wie bereits in Abschn. 1.2 erwähnt, kann man sie bestimmen durch Messung der Dichte der gebundenen Ladung auf der Oberfläche einer Kristallplatte, die senkrecht zur ferroelektrischen Achse geschnitten ist. Dabei muß natürlich die Probe eindomänig sein. Um das zu erreichen, muß man an die Elektroden des Kristalls eine so große Spannung anlegen, daß die elektrische Feldstärke in ihm größer als die Koerzitivfeldstärke ist.

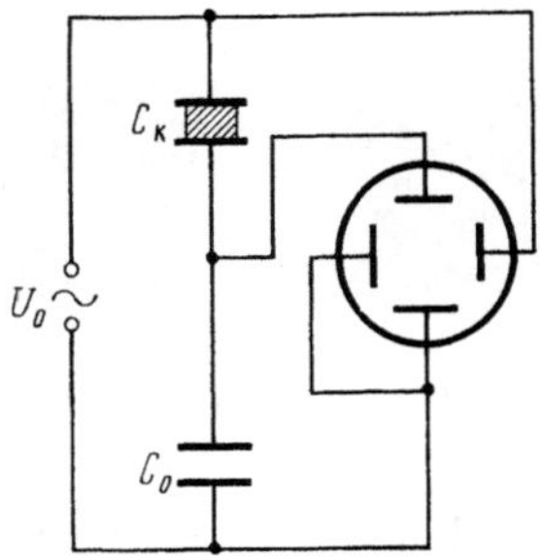

Abb. 45. SAWYER-TOWER Schaltung zur Aufnahme dielektrischer Hysteresekurven

Wenn man in Serie zum Kristall eine große Kapazität C_0 schaltet, so ist die Spannung U_0 an dieser bestimmt durch die Ladung q_0, und diese wiederum ist gleich der gebundenen. Somit ergibt sich für die spontane Polarisation der Kristallplatte mit der Fläche A:

$$P^s = q_0/A = CU_{00}/A\,.$$

Um auf diese Weise die spontane Polarisation zu messen, verwendet man gewöhnlich die SAWYER-TOWER-

Schaltung [12] (Abb. 45). Die Spannung an C_0 wird an die y-Platten des Oszillographen gelegt. Falls $C_0 \gg C_k$ ist, fällt praktisch die gesamte angelegte Spannung am Kristall ab, und somit ist sie der elektrischen Feldstärke in ihm proportional. Verwendet man eine sinusförmige Wechselspannung, so wird auf dem Leuchtschirm des Oszillographen die $P(E)$-Abhängigkeit — die Hysteresekurve — aufgeschrieben (s. Abb. 8 in Abschn. 1.2.4.) Den Betrag der spontanen Polarisation erhält man durch lineare Extrapolation der Sättigungszweige auf $E = 0$. Als Koerzitivfeldstärke gibt man den Wert für E an, bei

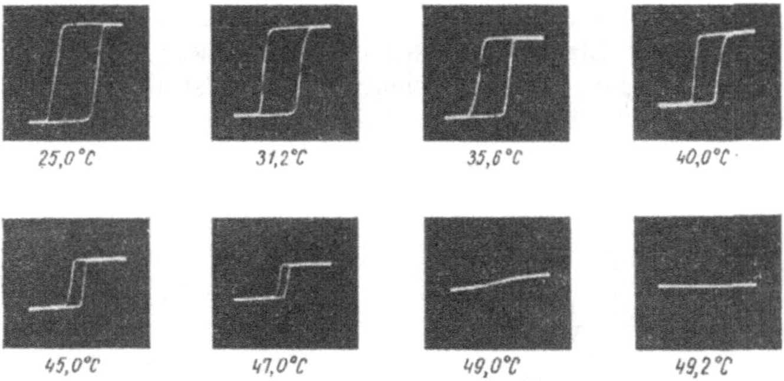

Abb. 46. Hysteresekurven eines TGS-Kristalls bei verschiedenen Temperaturen

dem die Polarisation gleich Null ist, d. h. wo sich die Richtung der spontanen Polarisation ändert. Als Beispiele sind in Abb. 46 Hysteresekurven für TGS-Einkristalle wiedergegeben. In der Nähe des Phasenumwandlungspunktes, wo die Abhängigkeit der induzierten Polarisation von der elektrischen Feldstärke merklich nichtlinear wird, ist die Bestimmung der spontanen Polarisation nicht so einfach möglich. Hier muß man andere Meßmethoden anwenden [65].

Die Abhängigkeit der spontanen Polarisation von der Richtung im Kristall wird graphisch durch die Indikatrix der Ladungsdichte wiedergegeben (s. Abb. 5). Das gilt allerdings nur für einachsige Ferroelektrika, nicht für vielachsige. Beim Bariumtitanat z. B. beobachtet man in den drei aufeinander senkrecht stehenden Richtungen, die mit den Richtungen der spontanen Polarisation übereinstimmen, Hysteresekurven.

4.1.2. Keimbildungswahrscheinlichkeit und Koerzitivfeldstärke

Wir kommen jetzt zur Koerzitivfeldstärke. In Abschn. 1.2.2 wurde gezeigt, daß sich diese Größe durch die Koeffizienten in der Entwicklung der thermodynamischen Potentialfunktion nach der Polarisation ausdrücken läßt. Allerdings ist der auf diese Weise berechnete Betrag um zwei bis drei Größenordnungen höher als experimentell bestimmte Werte. So berechnet man z. B. für Bariumtitanat $E^c = 20 \cdot 10^6$ V/m, während experimentell Werte um 10^5 V/m gefunden werden. Dies ist dadurch bedingt, daß die Richtungsänderung der spontanen Polarisation im elektrischen Feld nicht in einem momentanen Umpolungsprozeß des gesamten Kristalls erfolgt, sondern durch das Entstehen und das Wachsen von Keimen mit entgegengesetzter Polarisation.

Wie in einer Reihe von Arbeiten gezeigt wurde [22, 66], beginnt in einem Bariumtitanatkristall, der durch ein äußeres elektrisches Feld eindomänig gemacht wurde, bei der Umpolung des Feldes der Umschaltvorgang mit der Bildung schmaler, keilförmiger Domänen in der Nähe der Elektroden. Bei Vergrößerung der Feldstärke werden diese Keime rasch größer, vereinigen sich miteinander, und damit ändert sich schließlich das Vorzeichen der Polarisation im gesamten Kristall. Zur Abschätzung der Koerzitivfeldstärke muß man die Energie kennen, die zur Bildung stabiler Keime mit entgegengesetzter Richtung der spontanen Polarisation erforderlich ist. Dabei könnte man die Koerzitivfeldstärke als die Feldstärke definieren, bei der die Wahrscheinlichkeit der Keimbildung steil anwächst.

Vom Standpunkt der Thermodynamik aus gesehen befindet sich ein ferroelektrischer Kristall, dessen Polarisation entgegengesetzt zum äußeren Feld orientiert ist, in einem metastabilen Zustand, der etwa dem einer unterkühlten Flüssigkeit entspricht.

Wir betrachten für das Folgende ein planparalleles Plättchen der Dicke d, das senkrecht zur ferroelektri-

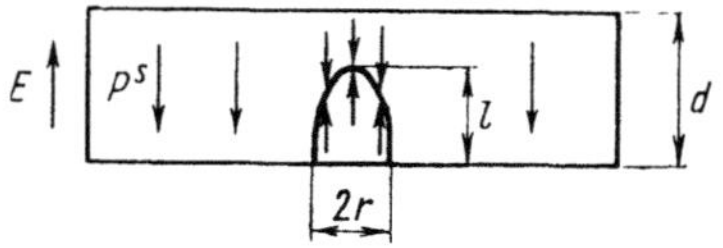

Abb. 47.
Modell eines 180°-Domänenkeims

schen Richtung aus einem Eindomänenkristall herausgeschnitten und mit Elektroden versehen ist (Abb. 47) [67]. Das äußere Feld möge entgegengesetzt zu P^s angelegt sein. Wir untersuchen die energetischen Bedingungen für die Bildung und das Wachstum eines Keimes mit der neuen Polarisationsrichtung. Der Einfachheit halber nehmen wir an, daß dieser die Form eines halben Rotationsellipsoids mit dem Radius r und der Länge l $(r \ll l)$ besitzt und auf einer Elektrode aufsitzt. Die freie Energie einer solchen keilförmigen Domäne setzt sich aus drei Anteilen zusammen, nämlich der Wechselwirkungsenergie der spontanen Polarisation mit dem elektrischen Feld, der Wandenergie und der Energie des depolarisierenden Feldes F^{dep} (s. Abschn. 3.1.1). Vergrößert sich das Volumen der Domäne um $\mathrm{d}V$, so ändert sich die Energie um

$$\mathrm{d}F = -2EP^s\,\mathrm{d}V + \gamma_0\,\mathrm{d}A + \mathrm{d}F^{\text{dep}}, \qquad (4.1.1)$$

wenn $\mathrm{d}A$ die der Zunahme des Volumens um $\mathrm{d}V$ entsprechende Änderung der Domänenoberfläche bedeutet und γ_0 die Dichte der Wandenergie. Zur Berechnung von F^{dep} muß man das Integral (3.1.1) für die gegebene Form der Domäne berechnen. Für unseren Fall wurde gefunden [68]:

$$F^{\mathrm{dep}} = \frac{4(P^{\mathrm{s}})^2}{3\varepsilon_0(\varepsilon_y{}^{\mathrm{r}}\varepsilon_z{}^{\mathrm{r}})^{1/2}}\, r^2 l'(k^2-1)\left(\frac{1}{2}\,k\log\frac{k+1}{k-1}-1\right),$$

mit

$$k = \frac{l'}{[(l')^2 - r^2]^{1/2}} \quad \text{und } l' = l\left(\frac{\varepsilon_y{}^{\mathrm{r}}}{\varepsilon_z{}^{\mathrm{r}}}\right)^{1/2}.$$

$\varepsilon_y{}^{\mathrm{r}}$ und $\varepsilon_z{}^{\mathrm{r}}$ sind die relativen Dielektrizitätskonstanten senkrecht und parallel zur polaren Achse. Für $l \gg r$ vereinfacht sich dieser Ausdruck:

$$F^{\mathrm{dep}} = \frac{4(P^{\mathrm{s}})^2 r^4}{3\varepsilon_0\varepsilon_y{}^{\mathrm{r}} l}\left(-1 + \log\left[\frac{2l}{r}\left(\frac{\varepsilon_y{}^{\mathrm{r}}}{\varepsilon_z{}^{\mathrm{r}}}\right)^{1/2}\right]\right). \qquad (4.1.1\,\mathrm{a})$$

Weil in unserem Fall das Volumen der Domäne gleich $(2/3)\pi r^2 l$ und ihre Oberfläche gleich $(1/2)\pi^2 r l$ sind, kann man für Keime endlicher Abmessungen (4.1.1) unter Berücksichtigung von (4.1.1a) in der Form

$$F = -aEr^2 l + brl + cr^4/l \qquad (4.1.2)$$

schreiben, wobei die Koeffizienten a und b gar nicht, c nur schwach (logarithmisch) von den Abmessungen r und l der Domäne abhängen. Damit eine Vergrößerung des Keims energetisch günstig ist, müssen die Bedingungen

$$\frac{\partial F}{\partial r} < 0; \quad \frac{\partial F}{\partial l} < 0 \qquad (4.1.3)$$

erfüllt sein, die zum Ausdruck bringen, daß bei dieser Vergrößerung die freie Energie abnimmt. Mit dem Ausdruck (4.1.2.) für F bedeutet das

$$\frac{1}{l^2} < \frac{aE}{2cr^2} - \frac{b}{4cr^3}, \tag{4.1.4a}$$

$$\frac{1}{l^2} > \frac{b}{cr^3} - \frac{aE}{cr^2}. \tag{4.1.4b}$$

Die erste Bedingung muß für das Seitwärts-, die zweite für das Längenwachstum erfüllt sein. Ersetzt man die $\lessgtr$-Zeichen durch das Gleichheitszeichen, so erhält man die Grenzen für die Bedingungen (4.1.3). In Abb. 48 sind die entsprechenden Grenzkurven in der $1/l^2$-r-Ebene

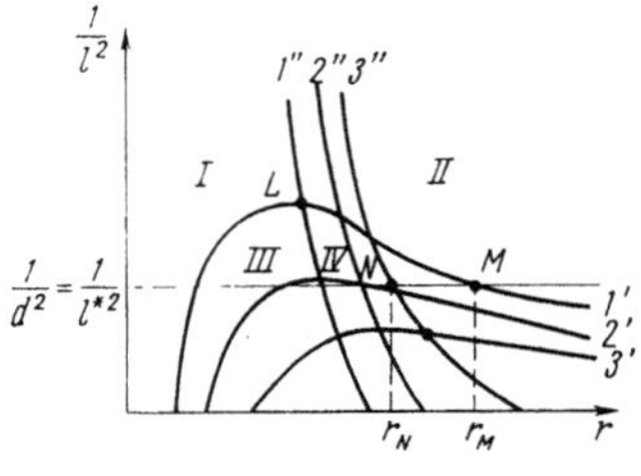

Abb. 48. Grenzkurven für die Bedingungen (4.1.4a) (1', 2', 3') und (4.1.4b) (1'', 2'', 3'')

dargestellt, und zwar für verschiedene Feldstärken (1, 2, 3). Ein Keim, dessen Abmessungen innerhalb des Gebietes I liegen, ist instabil, und er wird wieder verschwinden. Liegen die Abmessungen in II, so kann eine derartige Domäne in Längsrichtung wachsen, senkrecht dazu jedoch wird sie schmaler. Im Bereich III ist es gerade umgekehrt. Im Bereich IV schließlich werden die Keime in allen Richtungen wachsen. Die Gebiete III und IV sind nach unten durch die horizontale Gerade $1/l^2 = 1/d^2$ begrenzt. Hier entspricht die Länge des

Keims der Dicke der Kristallprobe. — Bei Vergrößerung der Feldstärke verschieben sich die Kurven in bezug auf den Koordinatenursprung, ohne jedoch dabei ihre gegenseitige Lage zu verändern.

Man kann annehmen, daß die antiparallelen Keime infolge thermischer Schwankungen der Polarisation gebildet werden. Daher wird die Wahrscheinlichkeit für diesen Prozeß sein:

$$w = \xi e^{-F/kT}, \tag{4.1.5}$$

wenn F die durch (4.1.2) bestimmte Energie des Keims mit den Abmessungen l und r ist. ξ ist ein Normierungsfaktor. Bei gegebener Feldstärke E_0 werden sich besonders oft Keime mit solchen Abmessungen bilden, deren Abmessungen dem Minimum der freien Energie entsprechen. Wir bezeichnen sie als die kritischen Abmessungen r^* und l^*. Es ist darauf hinzuweisen, daß der Schnittpunkt der den Ungleichungen (4.1.4) entsprechenden Grenzkurven, für die $\partial F/\partial r = \partial F/\partial l = 0$ ist, kein absolutes Minimum von $F(r, l)$ darstellt. Wenn man sich vom Punkt L aus (Abb. 48) in die Gebiete II und III begibt, so wächst der Wert von F an, während eine Veränderung der Keimgröße nach I und IV zu einer Abnahme von F führt. Weil aber, wie oben gezeigt wurde, Keime im Bereich I nicht „lebensfähig“ sind, können nur die überleben, deren Abmessungen dem Bereich IV entsprechen. Dabei ist die Energie um so kleiner, je weiter man vom Schnittpunkt L entfernt ist. Das Minimum entspricht dem Punkt M: $r^* = r_M$, $l^* = d$.

Unterschreitet die Feldstärke einen bestimmten Wert, so verläuft die (4.1.4a) entsprechende Grenzkurve ganz unterhalb der Geraden $1/l^2 = 1/d^2$ (Kurve 3′ in Abb. 48). In diesem Falle können die Domänenkeime Ausmaße besitzen, die dem Gebiet II entsprechen, und ihre Energieen werden am kleinsten sein im Punkt N, der dem Schnittpunkt der den Bedingungen (4.1.4) entsprechenden Grenzkurven am nächsten liegt. Demnach werden die kritischen Keimabmessungen für diesen Fall r_n und d sein.

Wir kommen somit zu folgender Aussage: Für Feldstärken, bei denen der Schnittpunkt der Grenzkurven oberhalb der Geraden $1/l^2 = 1/d^2$ liegt, kann der kritische Radius der Keime aus der Gleichung

$$\frac{1}{d^2} = \frac{b}{cr^{*3}} - \frac{aE}{cr^{*2}} \tag{4.1.6a}$$

bestimmt werden, für Feldstärken, bei denen der Schnittpunkt unterhalb der horizontalen Geraden liegt, aus der Gleichung

$$\frac{1}{d^2} = \frac{aE}{2cr^{*2}} - \frac{b}{4cr^{*3}}. \tag{4.1.6b}$$

In beiden Fällen ist die kritische Länge l^* gleich der Dicke der Probe. — Setzen wir die elektrische Feldstärke aus (4.1.6) in (4.1.2) ein, so erhalten wir zwei Ausdrücke für die freie Energie F^* eines kritischen Keims:

$$F_1^* = 2cr^{*4}/d, \tag{4.1.7}$$

$$F_2^* = br^{*2}d/2 - cr^{*4}/d. \tag{4.1.8}$$

Die Abhängigkeit $F(E)$ kann man erhalten, wenn man den kritischen Radius aus (4.1.6) in (4.1.7) bzw. (4.1.8) einsetzt. Bei $r^* = (bd^2/6c)^{1/2}$ wird $F_1^* = F_2^*$, dann nimmt mit wachsendem r^* die Größe F_2^* monoton ab und verschwindet bei $r_k^* = (bd^2/2c)^{1/2}$. Ein antiparalleler Keim mit einem solchen Radius wird kritisch bei der elektrischen Feldstärke

$$E^c = 1{,}89[(b^2c/a^3)(1/d)^{2/3}]^{1/3}. \tag{4.1.9}$$

Diese Größe kann man mit der Koerzitivfeldstärke identifizieren, weil hierbei die Energie, die zur Bildung eines antiparallelen Keims erforderlich ist, verschwindet und zu seinem Auftreten beliebig kleine Schwankungen ausreichen.

Die Koeffizienten a, b und c kann man aus experimentellen Daten berechnen. So erhält man z. B. für Bariumtitanat mit $P^s = 26 \cdot 10^{-2}\,\mathrm{C/m^2}$, $\varepsilon_y{}^r = 1500$, $\varepsilon_z{}^r = 120$, $\gamma_0 = 7 \cdot 10^{-3}\,\mathrm{J/m^3}$, $l \approx 10^{-4}\,\mathrm{m}$, $r \approx 10^{-6}\,\mathrm{m}$, die Werte $a = 0{,}9\,\mathrm{C/m^2}$, $b = 3 \cdot 10^{-2}\,\mathrm{J/m^2}$ und $c = 10{,}9 \cdot 10^{-12}\,\mathrm{C^2/m^4}$.

In Abb. 49 ist die aus Gl. (4.1.9) berechnete Abhängigkeit der Koerzitivfeldstärke von der Kristalldicke auf-

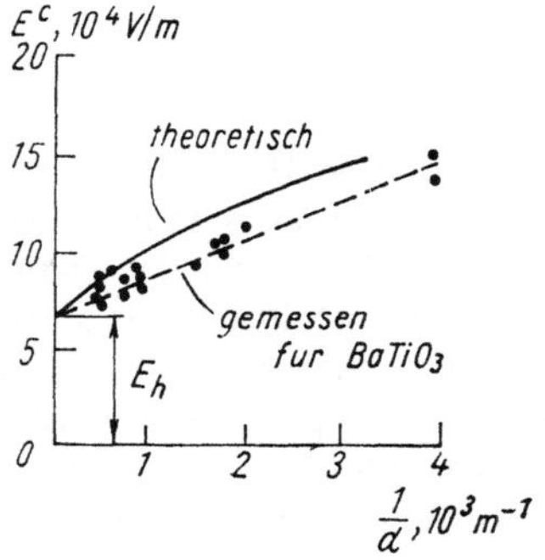

Abb. 49. Abhängigkeit der Koerzitivfeldstärke von der Kristalldicke

getragen. Die experimentellen, unmittelbar aus der Hysteresekurve eines $BaTiO_3$-Eindomänenkristalls bestimmten Werte sind als Punkte ebenfalls eingetragen [67]. Die Resultate stimmen recht gut miteinander überein, wenn man in (4.1.9) das Glied E_h hinzufügt, um alles das zu berücksichtigen, was mit der Bewegung der Domänenwände zusammenhängt.

Aus diesen Betrachtungen geht hervor, daß die Koerzitivfeldstärke keine charakteristische Größe eines Ferroelektrikums ist. Weil die Keimbildung Wahrscheinlichkeitscharakter trägt, kann eine Umpolung bei einer Feldstärke stattfinden, die weit unterhalb der Koerzitivfeldstärke liegt, wenn das Feld genügend lange einwirkt.

Die Erfahrung zeigt außerdem, daß E^c von der Frequenz ν des angelegten Wechselfeldes abhängt. Für c-Domänenkristalle aus Bariumtitanat wurde die empirische Beziehung

$$\alpha / E^c = \log \beta - \log \nu$$

gefunden, worin α und β Konstanten sind [69].

4.1.3. Umschaltzeit

Bei aufmerksamer Untersuchung der Hysteresekurve kann man erkennen, daß die Umpolung nicht momentan erfolgt. Die Schaltzeit τ_s, in der die Änderung der spontanen Polarisation von $-P^s$ bis $+P^s$ erfolgt, wird durch die Geschwindigkeit der Keimbildung und die des Keimwachstums bestimmt. Zur Untersuchung des Umschaltprozesses benutzt man Rechteckimpulse, deren Dauer und Amplitude so gewählt werden müssen, daß ein möglichst eindomäniger Zustand der Probe erreicht wird. Die Anstiegszeit der Impulse muß klein im Verhältnis zur Schaltzeit sein. Schließlich muß die Zeit zwischen den Impulsen entgegengesetzter Polarität genügend groß sein, damit die Erwärmung der Probe infolge der Hystereseverluste zu keiner merklichen Temperaturänderung führt. Die Untersuchungen erfolgen so, daß man rechteckförmige Spannungsimpulse einstellbarer Amplitude, Folgefrequenz und Dauer an die Elektroden der Kristallplatte legt, zu der ein Widerstand in Serie geschaltet ist. Die daran abfallende Spannung, die dem Umschaltstrom proportional ist, wird oszillographisch registriert. Abbildung 50 zeigt schematisch die Form eines derartigen Oszillogramms. Der Anfangsteil entspricht dem Ladestrom, wie er auch bei einem linearen Kondensator zu beobachten ist. Der darauffolgende Kurvenverlauf ist durch die Umorientierung der spontanen Polarisation bedingt. Für den Flächeninhalt der $i(t)$-Kurve gilt:

$$\int_0^{\tau_s} \mathrm{idt} = 2P^s A\,,$$

weil die gesamte Änderung der Ladung auf den Elektrodenflächen A des Kondensators mit dem ferroelektrischen Dielektrikum gleich $A[P^s - (-P^s)] = 2P^s A$ ist. Wenn

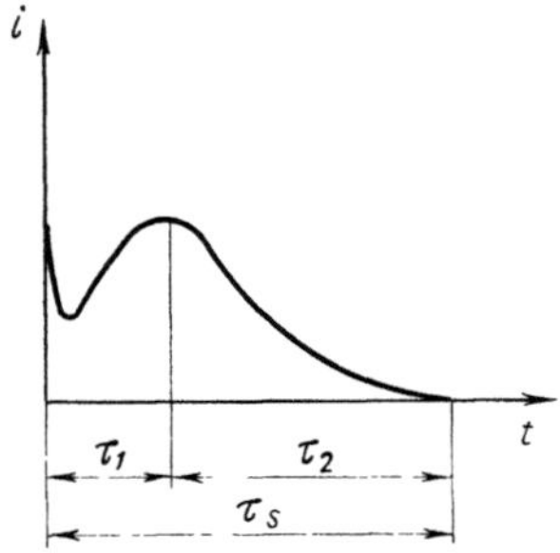

Abb. 50. Umschaltstrom i in Abhängigkeit von der Zeit (τ_s ist als Schaltzeit definiert)

die Polarität des Spannungsimpulses mit der Richtung der spontanen Polarisation übereinstimmt, fließt nur ein Ladestrom, der exponentiell mit der Zeitkonstanten RC abfällt, wobei R durch den Serienwiderstand und C durch die Kapazität des eindomänigen Ferroelektrikums zwischen den Elektroden bestimmt sind. Als Symmetrie des Umschaltstromes definiert man die Größe $m = \tau_1/\tau_2$ (s. Abb. 50). Sie kennzeichnet die Wechselwirkungsenergie der Keime und Domänen.

Abbildung 51 zeigt als Beispiel die Abhängigkeit der reziproken Schaltzeit von der angelegten Spannung für einen Bariumtitanat-Eindomänenkristall. In schwachen Feldern (Bereich I) gilt ein Exponentialgesetz:

$$\frac{1}{\tau_s} = \frac{1}{\tau_\infty} e^{-\alpha/E}. \qquad (4.1.10)$$

Der Koeffizient α entspricht einer Aktivierungsenergie und hängt von der Temperatur und der Dicke der Probe ab. Bei starken Feldern (Bereich II) ist die Abhängigkeit linear:

$$\frac{1}{\tau_s} = \beta(E - E'). \tag{4.1.11}$$

Die Konstante β hängt von der Dicke des Kristalls ab.

Wie bereits erwähnt, erfolgt der Umschaltvorgang durch Keimbildung und Keimwachstum. Wenn sich die Zeiten, die diese Prozesse erfordern, in der Größen-

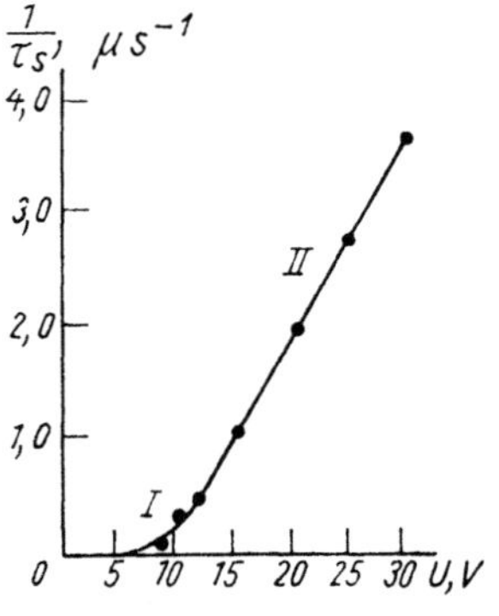

Abb. 51. Abhängigkeit der reziproken Schaltzeit von der elektrischen Spannung an den Elektroden eines Bariumtitanatkristalls

ordnung unterscheiden, so wird die Dauer des gesamten Vorgangs praktisch ausschließlich durch den langsameren Teilprozeß bestimmt.

In schwachen Feldern ist die Geschwindigkeit der Keimbildung außerordentlich gering, wie man aus Gl. (4.1.5) erkennt. Deshalb erwartet man für die reziproke Schaltzeit eine Beziehung der Form

$$\frac{1}{\tau_s} \sim \frac{\mathrm{dn}}{\mathrm{d}t} \sim (\mathrm{e}^{-F/kT}). \tag{4.1.12}$$

Darin bedeuten n die Zahl und F die freie Energie der gebildeten Keime. Damit läßt sich die empirische Gl. (4.1.10) verstehen, wenn man voraussetzt, daß die antiparallelen Keime eine solche Form besitzen, bei der das Glied in Gl. (4.1.1), welches die Energie des depolarisierenden Feldes beschreibt, gegenüber den übrigen vernachlässigt werden kann. Das ist z. B. der Fall, wenn die Keime die Gestalt breiter Dolche besitzen, die sich längs der Feldrichtung erstrecken. Falls die Länge l sehr groß gegen die Breite r, und r größer als die Dicke h ist, so ergeben sich die folgenden kritischen Werte:

$$h^* = \frac{\gamma_0'}{EP^s}, \quad l^* = \frac{\gamma_0''}{EP^s}, \quad F^* \sim \frac{\gamma_0'\gamma_0''}{EP^s}.$$

Darin bedeuten γ_0' und γ_0'' die Dichten der Wandenergie parallel und senkrecht zur Richtung der spontanen Polarisation. Somit erhalten wir aus Gl. (4.1.12):

$$\frac{1}{\tau_s} \sim e^{-\gamma_0'\gamma_0''/EP^s kT},$$

und durch Vergleich mit Gl. (4.1.10):

$$\alpha(T) = \gamma_0'\gamma_0''/P^s kT.$$

Da die Temperaturabhängigkeit von $\alpha(T)$ analog der von P^s ist, folgt aus der letzten Beziehung, daß

$$\gamma_0'\gamma_0'' \sim (P^s)^n$$

mit $n \geq 2$ sein muß.

In starken Feldern ist die Zeit, die für die Keimbildung benötigt wird, sehr klein, so daß hier die Schaltzeit im wesentlichen durch die Geschwindigkeit bestimmt wird, mit der sich die Domänenwände durch den Kristall hindurchbewegen:

$$v = d/\tau_s = \mu(E - E').$$

Hier ist d die Dicke der Probe und μ die Wandbeweglichkeit. Diese kann demnach experimentell aus der Beziehung

$$1/\tau_s = \mu(E - E')/d$$

bestimmt werden. Die Größe E' ergibt sich durch Extrapolation des linearen Teils der $1/\tau_s(E)$-Beziehung auf den Wert $1/\tau_s = 0$. In Tabelle 4 sind die Wandbeweglichkeiten einiger Ferroelektrika aufgeführt.

Tabelle 4

Domänenwandbeweglichkeit μ einiger Ferroelektrika

Kristall	$BaTiO_3$	TGS	Seignette-salz	Ammonium-hydrogensulfat
Domänenwand-beweglichkeit μ m^2/Vs	$2{,}5 \cdot 10^{-4}$	$6 \cdot 10^{-4}$	$1{,}3 \cdot 10^{-2}$	$1 \cdot 10^{-5} - 2 \cdot 10^{-5}$

4.1.4. *Domänenwandverschiebung*

Es wurde bereits erwähnt, daß die Aktivierungsenergie α von der Dicke der Probe abhängt. Dasselbe gilt dann auch für die Schaltzeit. Man findet die Beziehung

$$\alpha = \alpha_\infty(1 + d_0/d).$$

Darin ist α_∞ die Aktivierungsenergie für sehr dicke Kristalle, d die Kristalldicke, und d_0 beträgt etwa 10^{-4} m. Die Abhängigkeit der Aktivierungsenergie von der Dicke ist darauf zurückzuführen, daß die ferroelektrischen Kristalle eine Oberflächenschicht zwischen dem Kristallinnern und den Elektroden besitzen, welche eine kleine Dielektrizitätskonstante und dielektrische Verluste aufweist [70]. Derartige Schichten sind auf mechanische und chemische Einwirkungen beim Aufdampfen der Elektroden zurückzuführen. Wie Abschätzungen zeigen, liegt die Dicke derartiger Schichten in der Größenordnung einiger Gitterkonstanten [71].

Außerordentlich zuverlässige experimentelle Ergebnisse wurden von Miller und Savage [72, 73] an Bariumtitanatkristallen gewonnen. Daraus geht hervor, daß bei Abwesenheit metallischer Elektroden die Umpolung in erster Linie durch das Seitwärtswachsen von Domänenwänden und weniger durch Keimbildung bestimmt wird. Bei diesen Untersuchungen über den Umpolungsvorgang wurde direkt die Veränderung der Domänenstruktur von $BaTiO_3$-Einkristallen beobachtet. Zu diesem Zweck wurden die Proben nach Anlegen eines elektrischen Feldes mit verdünnter Flußsäure geätzt und die Oberfläche im reflektierten Licht betrachtet. Das Feld wurde — und hierin liegt das Besondere — mit flüssigen Elektroden erzeugt. Hierfür wurden Tropfen einer gesättigten LiCl-Lösung verwendet, die sich in Auskehlungen auf der Stirnseite von Platindrähten mit ca. 1 mm Durchmesser befanden. Durch die Verwendung flüssiger Elektroden ließ sich der Einfluß der Oberflächenschicht auf die Domänenstruktur ganz wesentlich herabsetzen.

Die Seitwärtsbewegung der Domänenwände während des Umpolens, wie sie mit dieser Methode beobachtet wurde, ist in Abb. 52a gezeigt, wo eine *c*-Domäne eines $BaTiO_3$-Kristalls wiedergegeben ist, die viermal nacheinander durch Impulse abnehmender Dauer umgepolt wurde. Der dunkle Fleck in der Mitte der Aufnahme ist ein kleines Grübchen, daß durch einen Sandstrahl erzeugt wurde. In diesem Gebiet ist die Feldstärke größer als in der Umgebung, so daß die Umkehr der Polarisationsrichtung hier erleichtert wird. — Im Feldstärkebereich von etwa 10^4 bis 10^6 V/m spielen die Verschiebungen von Domänenwänden eine ziemlich bedeutende Rolle. So konnte z. B. beobachtet werden, daß ein Teil einer Probe, der mit Elektroden von 2,5 mm Durchmesser bedeckt war, durch Wachsen einer einzigen Domäne umgeschaltet wurde.

Eine besonders interessante Erscheinung beim Umpolungsprozeß des Bariumtitanats ist das sog. Rückschalten, das darin besteht, daß sich nach einheitlicher Polung des gesamten Kristalls in einer Richtung und nach Abschalten des Feldes einige kleine antiparallele

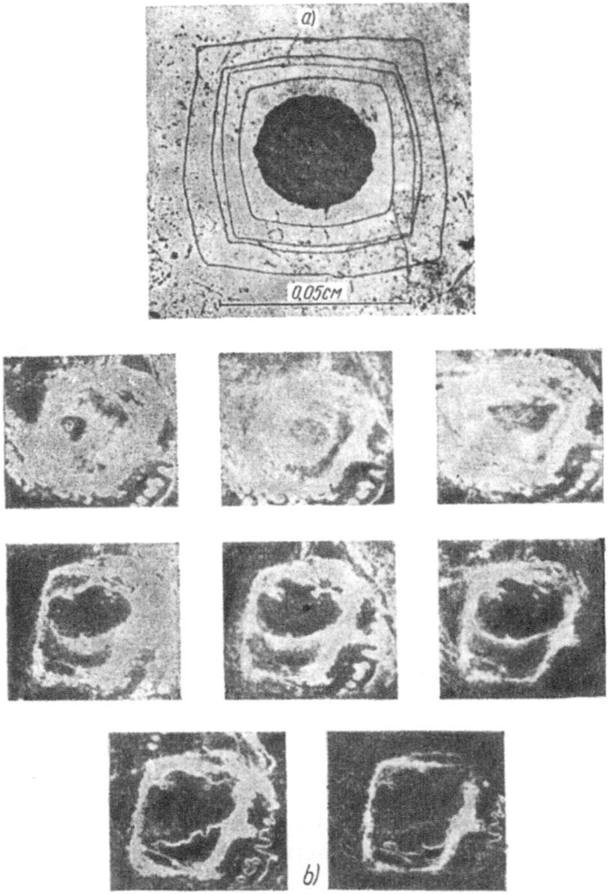

Abb. 52. Umpolung durch Seitwärtsbewegung von Domänenwänden
a) Bariumtitanat b) TGS

Domänen bilden. Somit erfordert ein weiterer Umpolungsprozeß keine Keimbildung. Dieser kann vielmehr allein in Form von Domänenwandverschiebung erfolgen.

Chynoweth und Abel [74] untersuchten mit einer ähnlichen Methode den Umschaltprozeß beim TGS, indem sie ebenfalls flüssige Elektroden (gesättigte Lösung von TGS und Natriumsulfat in Normal-Oktylalkohol) verwendeten. Nach jeder Feldeinwirkung wurde die Probe mit Alkohol abgespült und ihre Domänenstruktur mit der Staubmethode (s. Abschn. 3.5.3) untersucht. Ebenso wie beim Bariumtitanat kann die Umpolung durch Seitwärtswachsen einer einzigen Domäne erfolgen. Ein derartiger Fall ist in Abb. 52b gezeigt, wo Aufnahmen von Staubfiguren einer Domäne zu sehen sind, die durch Impulse von $3 \cdot 10^3$ V/m verbreitert wurde. — Der weiße Rand stellt die Begrenzung der Elektrode dar.

Wir sehen also, daß der Umschaltvorgang ohne Einfluß einer Oberflächenschicht ganz anders abläuft als bei Anwesenheit von metallischen Elektroden, die normalerweise für physikalische Messungen verwendet werden.

4.2. Dielektrizitätskonstante (DK)

4.2.1. Differentielle, statische und effektive DK

Im zweiten Kapitel wurde die Frage der Temperaturabhängigkeit der bei kleiner Feldstärke gemessenen Dielektrizitätskonstanten bzw. Suszeptibilität bereits vom thermodynamischen Standpunkt aus behandelt. Insbesondere wurde gezeigt, daß sowohl ober- als auch unterhalb eines Phasenumwandlungspunktes zweiter Ordnung das Curie-Weiss-Gesetz gilt (Gl. (1.2.10)). Bei Vergrößerung der Feldstärke wird die $P(E)$-Beziehung nichtlinear, und zwar ebenfalls beiderseits des Curiepunktes:

$$P = \chi(E)E \approx \varepsilon(E)E\,.$$

Somit bedarf der Begriff „Dielektrizitätskonstante" einer Präzisierung. Für die paraelektrische Phase haben wir die Beziehung zwischen E und P und damit für die

Feldstärkeabhängigkeit der DK bereits angegeben (Gl. (2.2.4), (2.2.8)). Als Beispiel zeigt Abb. 53 die $P(E)$-Abhängigkeit und Abb. 54 die Feldstärkeabhängigkeit der statischen DK des KDP für einige Temperaturen

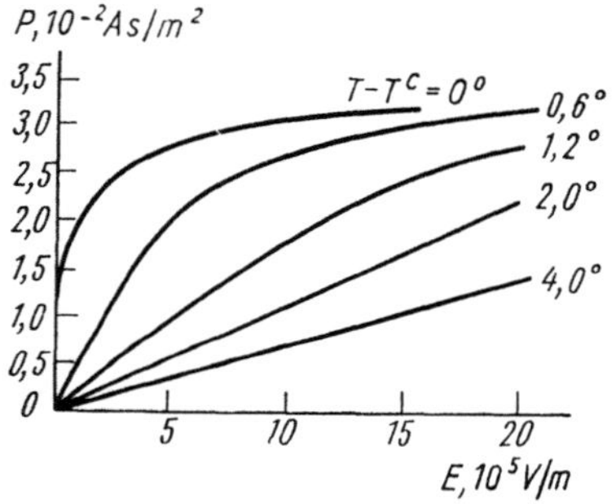

Abb. 53. $P(E)$-Abhängigkeit eines KDP-Kristalls oberhalb des Curiepunktes T^c

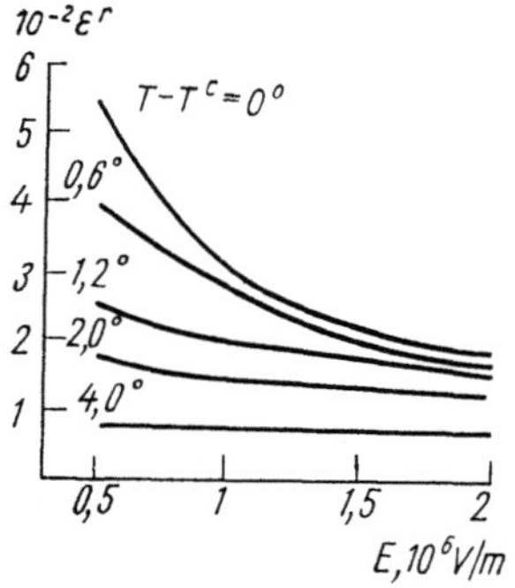

Abb. 54. Abhängigkeit der statischen DK von der elektrischen Feldstärke eines KDP-Kristalls oberhalb des Curiepunktes

dicht oberhalb des Curiepunktes. Dabei ist mit der statischen DK die Größe gemeint, die bestimmt ist durch

$$1/\varepsilon_{\text{stat}} = \frac{E}{P} = 2A(T - T^c) + \frac{\psi(P)}{P}$$

(s. Abschn. 2.2.2). Die differentielle DK dagegen ist definiert durch

$$\varepsilon_{\text{diff}} = \frac{\mathrm{d}P}{\mathrm{d}E}.$$

Die Feldstärkeabhängigkeit beider Größen ist sehr ähnlich, jedoch ist bei vorgegebenem E immer

$$\varepsilon_{\text{stat}} > \varepsilon_{\text{diff}}.$$

In der polaren Phase, wo die $P(E)$-Beziehung die Form einer Hysteresekurve besitzt (Abb. 46), kann man die dielektrischen Eigenschaften nicht hinreichend durch die statische DK kennzeichnen, weil z. B. bei rascher Entladung das Ferroelektrikum eindomänig bleibt und somit ein großer Teil der freien Ladung durch die spontane Polarisation gebunden bleibt. Deshalb kennzeichnet man einen ferroelektrischen Kondensator in Wechselstromkreisen besser durch die effektive Kapazität und das Dielektrikum dementsprechend durch die effektive DK. Die effektive Kapazität C_{eff} setzt man gleich der Kapazität eines linearen Kondensators, der bei dem vorgegebenen Scheitelwert der Wechselspannung dieselbe maximale Ladung enthält wie der ferroelektrische Kondensator. Offensichtlich steigt C_{eff} bei der Koerzitivfeldstärke E^{c} steil an, fällt aber bei weiterer Vergrößerung des Feldes monoton ab (Abb. 55). Bei $E \gg E^{\text{c}}$ wächst die Polarisation nur noch auf Kosten der induzierten:

$$\varepsilon_{\text{eff}} = \frac{P_{\text{ind}} + P^{\text{s}}}{E}.$$

4.2.2. *Dielektrizitätskonstante bei isothermen und adiabatischen Zustandsänderungen*

Bei ferroelektrischen Kristallen unterscheiden sich die isotherme (ε^T) und die adiabatische (ε^S) DK sehr wesentlich. (Dabei meinen wir im Folgenden stets die differentielle DK.) Meistens bestimmt man die DK bei kleiner Feldstärke mit Wechselstrombrücken bei Frequenzen oberhalb 1 kHz. Dabei verlaufen die Zustandsänderungen so rasch, daß es zu keinerlei Übertragung von dabei entstehender Wärme vom Kristall auf die Umgebung

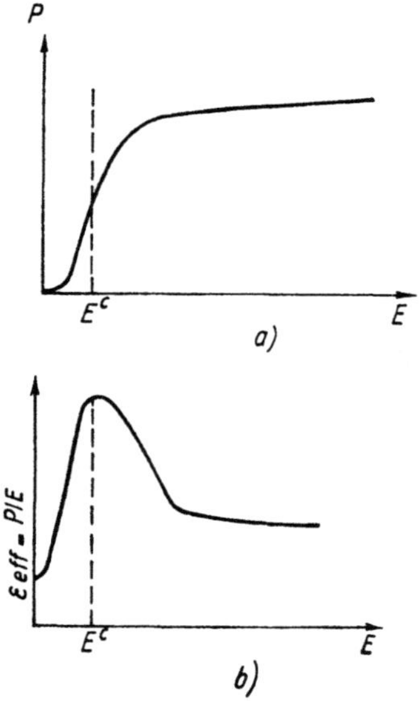

Abb. 55.
Abhängigkeit der Polarisation (a) und der effektiven DK (b) von der elektrischen Feldstärke eines Ferroelektrikums

kommt. Daher bleibt die Entropie S konstant und die Temperatur ändert sich ständig während jeder Periode. Um die Beziehung zwischen ε^T und ε^S zu finden, schreiben wir die Änderung der elektrischen Feldstärke im Kristall an, wobei wir sie einmal als Funktion von P und T, zum anderen als Funktion von P und S ansehen:

$$\mathrm{d}E = \left(\frac{\partial E}{\partial P}\right)_T \mathrm{d}P + \left(\frac{\partial E}{\partial T}\right)_P dT = \frac{1}{\varepsilon^T}\,\mathrm{d}P + \left(\frac{\partial E}{\partial T}\right)_P \mathrm{d}T, \tag{4.2.1}$$

$$\mathrm{d}E = \left(\frac{\partial E}{\partial P}\right)_S \mathrm{d}P + \left(\frac{\partial E}{\partial S}\right)_P \mathrm{d}S = \frac{1}{\varepsilon^S}\,\mathrm{d}P + \left(\frac{\partial E}{\partial S}\right)_P \mathrm{d}S. \tag{4.2.2}$$

Setzen wir die rechten Seiten von (4.2.1) und (4.2.2) einander gleich, wobei wir konstante Entropie voraussetzen ($\mathrm{d}S = 0$), so erhalten wir

$$\frac{1}{\varepsilon^T}\,\mathrm{d}P + \left(\frac{\partial E}{\partial T}\right)_P \mathrm{d}T = \frac{1}{\varepsilon^S}\,\mathrm{d}P$$

oder

$$\frac{1}{\varepsilon^S} = \frac{1}{\varepsilon^T} + \left(\frac{\partial E}{\partial T}\right)_P \left(\frac{\mathrm{d}T}{\mathrm{d}P}\right)_S.$$

Aus der Bedingung für konstante Entropie

$$\mathrm{d}S(P, T) = \frac{\partial S}{\partial P}\,\mathrm{d}P + \frac{\partial S}{\partial T}\,\mathrm{d}T = 0$$

und der Relation (s. Gl. (2.1.5a))

$$\frac{\partial S(P, T)}{\partial P} = -\frac{\partial^2 G_1}{\partial T \partial P} = -\frac{\partial E}{\partial T}$$

(welche die Beziehung zwischen dem elektrokalorischen und pyroelektrischen Effekt wiedergibt) erhalten wir

$$\left(\frac{\mathrm{d}T}{\mathrm{d}P}\right)_S = -\frac{\partial S/\partial P}{\partial S/\partial T} = \frac{\partial E/\partial T}{\partial S/\partial T} = \frac{T}{\varrho c_P}\,\frac{\partial E}{\partial T},$$

weil

$$\frac{\partial S}{\partial T} = \frac{\partial}{\partial T}\left(\frac{\mathrm{d}Q_{\mathrm{rev}}}{T}\right) = \frac{\varrho c_P}{T}$$

ist, wobei c_P die spezifische Wärmekapazität (gemessen bei konstanter Polarisation) bedeutet, die mit der Dichte ϱ multipliziert werden muß, um auch diese Größe auf die Volumeneinheit zu beziehen. Somit erhalten wir schließlich unter Berücksichtigung von Gl. (2.2.4)

$$\frac{1}{\varepsilon^S} = \frac{1}{\varepsilon^T} + \frac{T}{\varrho c_P}\left(\frac{\partial E}{\partial T}\right)^2 = \frac{1}{\varepsilon^T} + \frac{2A^2T}{\varrho c_P}\,P^2.$$

Bei ferroelektrischen Kristallen kann der zweite Summand von der Größenordnung 10% ausmachen. Berücksichtigt man bei TGS die adiabatische Korrektur, so verkleinert sich das Verhältnis zwischen den Steigungen der reziproken DK ober- und unterhalb des Curiepunktes von −2,7 auf −2,4. In der paraelektrischen, nicht polaren und demzufolge nicht pyroelektrischen Phase ist (bei $P = 0$) $\varepsilon^S = \varepsilon^T$.

4.2.3. Dielektrizitätskonstante des freien und des geklemmten Kristalls

Alle ferroelektrischen Kristalle sind piezoelektrisch (s. Abschn. 4.3), ebenso die paraelektrischen vom Typ II. Mit einer Feldstärkeänderung ist somit auch eine Änderung der Dehnung verbunden, wenn die Messung am „freien" Kristall, d. h. bei konstanter mechanischer Spannung durchgeführt wird. Diese Bedingung ist jedoch bei Frequenzen oberhalb der mechanischen Resonanzfrequenzen der Probe nicht erfüllt. Vielmehr bleibt hier infolge der Trägheit die Dehnung konstant, der Kristall verhält sich so, als wenn er dabei starr eingeklemmt wäre. Hierbei treten natürlich mechanische Spannungen auf, welche über den direkten piezoelektrischen Effekt ebenfalls einen Beitrag zur Polarisation liefern. Deshalb ist die DK eines freien Kristalles von der eines geklemmten verschieden:

$$\varepsilon_{mn}^{\text{gekl}} = \left(\frac{\partial P_m}{\partial E_n}\right)_{T_i = \text{const}} + \left(\frac{\partial P_m}{\partial T_i}\right)\left(\frac{\mathrm{d}T_i}{\mathrm{d}E_n}\right)_{S_i = \text{const}}$$

$$= \varepsilon_{mn}^{\text{frei}} - d_{mi}e_{ni}\,.$$

Die piezoelektrischen Koeffizienten $\partial P_m/\partial T_i = d_{mi}$ und $\mathrm{d}T_i/\mathrm{d}E_n = -e_{ni}$ sind Gl. (2.1.6a) bzw. (2.1.10) entnommen.

Entsprechend findet man mit Gl. (2.1.8) und (2.1.9) für die Beziehung für die dielektrische „Impermeabilität" β des freien und geklemmten Kristalls:

$$\beta_{mn}^{\text{gekl}} = \left(\frac{\partial E_m}{\partial P_n}\right)_{T_i=\text{const}} + \frac{\partial E_m}{\partial T_i}\left(\frac{\mathrm{d}T_i}{\mathrm{d}D_n}\right)_{S_i=\text{const}}$$

$$= \beta_{mn}^{\text{frei}} + g_{mi}h_{ni}\,.$$

Wenn man also die DK in Abhängigkeit von der Frequenz mißt, erhält man zunächst den Wert für den freien Kristall, dann eine Vielzahl von Resonanzstellen (Dispersion vom Resonanztyp), zwischen denen die Probe teilweise geklemmt ist, und schließlich, bei sehr hohen Frequenzen, die DK des vollständig geklemmten Kristalls [9, 11, 74a].

4.2.4. Einfluß der Domänenstruktur auf die DK

Ganz allgemein findet man, daß die DK eines ferroelektrischen Kristalls von dessen Domänenstruktur abhängig ist. Bei vielachsigen Ferroelektrika ist das natürlich einmal auf die dielektrische Anisotropie der Domänen zurückzuführen. So ist z. B. beim tetragonalen Bariumtitanat $\varepsilon_c^{\mathrm{r}} = 160$, aber $\varepsilon_a^{\mathrm{r}} = 4000$. Somit ist natürlich die DK eines Kristalls viel kleiner, wenn er nur c-Domänen enthält, als wenn auch a-Domänen vorhanden sind.

Dazu kommt ein weiterer Einfluß der Domänenkonfiguration, der auf den Einfluß der mechanischen Bedingungen bei der Messung der DK zurückzuführen ist, der sich allerdings nur bei so tiefen Frequenzen auswirkt, bei denen beim Eindomänenkristall (Abb. 56a) die freie DK gemessen wird. Liegt nun z. B. eine Domänenkonfiguration vor, wie sie in Abb. 56b skizziert ist, so werden sich die piezoelektrischen Deformationen, die in benachbarten, antiparallelen Domänen entgegengesetzte Vorzeichen besitzen (s. Gl. (4.3.9)), nicht frei ausbilden können. Die Domänen sind aber — wenigstens teilweise — geklemmt, und die gemessene DK ist kleiner als beim Eindomänenkristall. Man bezeichnet dieses als Domänenverklammerung (domain clamping effect [75]). Die Größenordnung dieses Effektes beträgt bei Bariumtitanat 25%, bei TGS 5–10%.

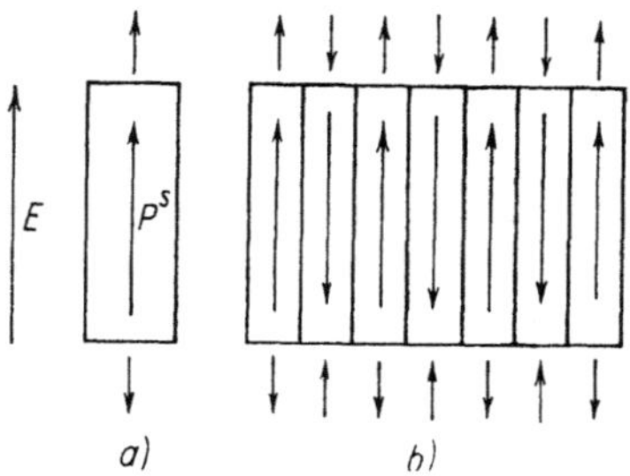

Abb. 56. Piezoelektrische Deformationen eines ferroelektrischen Eindomänen- (a) und Vieldomänenkristalls (b) (die äußeren Pfeile geben die Vorzeichen der Deformationen an)

Es gibt aber noch einen weiteren Effekt, der zu einem Unterschied zwischen der DK des Ein- und der des Vieldomänenkristalls führt: Auch ein sehr schwaches elektrisches Feld führt zu einer Verschiebung der in einem Ferroelektrikum vorhandenen Domänenwände. Wenn l diese Verschiebung bei der Feldstärke E bedeutet, so ist der entsprechende Beitrag zur DK

$$\varepsilon = 2P^s Al/E\,,$$

wenn A den gesamten Flächeninhalt der im Kristall vorhandenen Domänenwände bedeutet. Diese, und damit der Wandbeitrag zur DK, ist um so größer, je kleiner die Abmessungen der Domäne sind. Eine genauere Untersuchung [76] zeigt, daß man einer Wand, deren Dicke N Gitterkonstanten a beträgt, pro Flächeneinheit die Masse

$$m = \frac{M\delta^2 N}{a^4}$$

zuschreiben kann, wenn δ die Verschiebung der Ionen mit der Masse M bei der Bewegung der Domänenwand bedeutet.

Die Bewegungsgleichung für die Domänenwand lautet:

$$m \frac{\mathrm{d}^2 l}{\mathrm{d}t^2} + ql = 2P^s E. \qquad (4.2.4)$$

Darin bedeuten $2P^sE$ die effektive Kraft, die pro Flächeneinheit auf die Wand wirkt, und q die Kraftkonstante. Die Lösung dieser Gleichung liefert als Wandbeitrag

$$\varepsilon = \frac{4(P^s)^2}{(q - m\omega^2)d},$$

wenn d die Breite der Domäne ist. Bei der Frequenz

$$\nu_0 = \frac{1}{2\pi} \sqrt{\frac{q}{m}}$$

sollte sich auf Grund dieses Effektes eine Resonanz zeigen. Eine Abschätzung liefert hierfür $\nu_0 \approx 2 \cdot 10^9$ Hz. Das Experiment bestätigt ein Dispersionsgebiet der DK in einem ferroelektrischen $BaTiO_3$-Vieldomänenkristall (Abb. 57a), allerdings weist es kein Resonanz-, sondern vielmehr Relaxationsverhalten auf. Bei der Beurteilung dieser Diskrepanz ist allerdings zu berücksichtigen, daß in Gl. (4.2.4) ein Dämpfungsglied fehlt.

Eine analoge Relaxation der DK, die auf einen Domänenwandbeitrag zurückzuführen ist, wurde bei deuteriertem KDP ($\nu_0 \approx 5 \cdot 10^8$ Hz [77]) und bei TGS ($\nu_0 \approx 5 \cdot 10^6$ Hz, [78], s. Abb. 57) gefunden.

Keine einheitliche Ansicht gibt es bezüglich der Dispersion der DK im VHF-Gebiet beim Bariumtitanat. Einige Autoren [77] führen die Abnahme der DK auf den Ausfall des piezoelektrischen Beitrags infolge

Klemmung der Domänen durch Trägheitskräfte zurück (s. Abschn. 4.2.3). Zahlenmäßige Abschätzungen geben vernünftige Abmessungen für die Domänengröße.

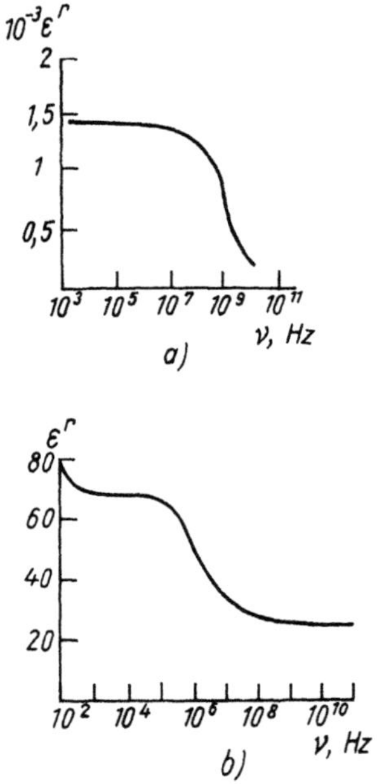

Abb. 57. Frequenzabhängigkeit der DK von Bariumtitanat- (a) und TGS-Kristallen (b)

4.2.5. *Einfluß eines elektrischen Feldes auf die DK eines ferroelektrischen Kristalls*

Eine vielfältige praktische Anwendung findet die Feldstärkeabhängigkeit der Kapazität von Kondensatoren, die ein ferroelektrisches Dielektrikum enthalten. Dabei ist die Amplitude des Wechselfeldes, mit dem sie betrieben werden, meist sehr klein im Vergleich zur Koerzitivfeldstärke, so daß sich ein solches Bauelement linear verhält. — Obwohl für diesen Zweck im allgemeinen keramisches Material verwendet wird, müssen die für den hier ausgenutzten Effekt verantwortlichen Erscheinungen auch bei Einkristallen zu beobachten sein.

Damit ein Feldeinfluß auf die DK nachzuweisen ist, muß die Stärke des überlagerten Gleichfeldes so groß sein, daß dadurch die Domänenstruktur der Probe verändert wird. Mit wachsender Feldstärke beobachtet man gewöhnlich eine Abnahme der DK. Diese ist bei den für diesen Zweck verwendeten vielachsigen Ferroelektrika in erster Linie auf die Anisotropie der DK zurückzuführen, die in Richtung der spontanen Polarisation meist viel kleiner ist als senkrecht dazu. Aber auch der Wandbeitrag kann dabei eine Rolle spielen.

4.3. Elektromechanische Eigenschaften

4.3.1. *Die „morphischen" piezoelektrischen Koeffizienten*

Die piezoelektrischen und elektrostriktiven Grundgleichungen erhält man aus (2.1.7 bis 10), indem man diese nach den entsprechenden unabhängigen Veränderlichen differenziert:

$$P_m = d_{mi}T_i + \chi_{mn}^{T_i}E_n; \; S_i = s_{ij}^E T_j + d_{mi}E_m; \qquad (4.3.1)$$

$$P_m = e_{mi}S_i + \chi_{mn}^{S_i}E_n; \; T_i = c_{ij}^E S_j - e_{mi}E_m; \qquad (4.3.2)$$

$$E_m = -g_{mi}T_i + \beta_{mn}^{T_i}P_n; \; S_i = s_{ij}^P T_j + g_{mi}P_m; \qquad (4.3.3)$$

$$E_m = h_{mi}S_i + \beta_{mn}^{S_i}P_n; \; T_i = c_{ij}^P S_j + h_{mi}P_m. \qquad (4.3.4)$$

Die physikalische Bedeutung der piezoelektrischen Koeffizienten wurde in Abschn. 2.1.1 erläutert.

Die entsprechenden Gleichungen, welche die Elektrostriktion in zentrosymmetrischen Kristallen beschreiben, sind:

$$T_i = c_{ij}^P S_j + q_{mni} P_m P_n \tag{4.3.5}$$

$$S_i = s_{ij}^P T_j + Q_{mni} P_m P_n \tag{4.3.6}$$

$$T_i = c_{ij}^E S_j + m_{mni} E_m E_n$$

$$S_i = s_{ij}^E T_j + R_{mni} E_m E_n .$$

Bei ferroelektrischen Kristallen vom Typ I, die in der paraelektrischen Phase keine Piezoelektrizität in Richtung der ferroelektrischen Achse aufweisen, kann man als alleinigen elektromechanischen Effekt nur Elektrostriktion beobachten. Beim Übergang in die polare Phase wird der Kristall entsprechend der Symmetrieerniedrigung piezoelektrisch. Für das ferroelektrische Bariumtitanat (Klasse 4mm) lautet das Koeffizientenschema der Piezomoduln

$$\begin{matrix} 0 & 0 & 0 & 0 & d_{15} & 0 \\ 0 & 0 & 0 & d_{15} & 0 & 0 \\ d_{31} & d_{31} & d_{33} & 0 & 0 & 0, \end{matrix} \tag{4.3.7}$$

und für TGS (Klasse 2)

$$\begin{matrix} 0 & 0 & 0 & d_{14} & 0 & d_{16} \\ d_{21} & d_{22} & d_{23} & 0 & d_{25} & 0 \\ 0 & 0 & 0 & d_{34} & 0 & d_{36}. \end{matrix} \tag{4.3.8}$$

Die Koeffizientenschemata für die e_{mi}, g_{mi}, h_{mi} sehen genauso aus. Die Matrizen der Elektrostriktionskonstanten für paraelektrisches Bariumtitanat und TGS sind in (3.2.1) und (3.2.4) angegeben. Setzen wir nun z. B. für das tetragonale $BaTiO_3$ in Gl. (4.3.6) die Summe aus der spontanen P^s und der (in der ferroelektrischen c-Achse) durch ein äußeres Feld induzierten Polarisation P_3 ein, erhalten wir für die gesamte Dehnung S_1'

$$\begin{aligned} S_1' = S_2' &= Q_{331}(P^s + P_3)^2 = Q_{331}(P^s)^2 + 2Q_{331}P^sP_3 \\ &= S_1^s + g_{31}P_3 \\ S_3' &= Q_{333}(P^s + P_3)^2 = Q_{333}(P^s)^2 + 2Q_{333}P^sP_3 \\ &= S_3^s + g_{33}P_3 . \end{aligned} \tag{4.3.9}$$

Die dem Quadrat der spontanen Polarisation proportionalen Glieder bezeichnen die bereits in Abschn. 3.2.1 beschriebene spontane Dehnung (Gl. (3.2.1a) und (3.2.5)). Die zweiten Glieder auf der rechten Seite sind in P

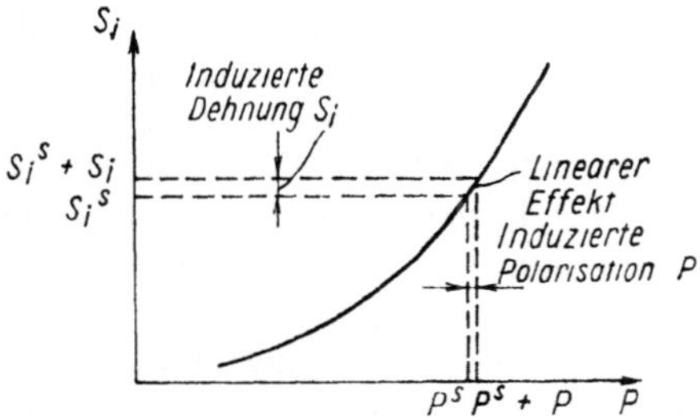

Abb. 58. Durch die spontane Polarisation linearisierte Elektrostriktion

linear, stellen somit piezoelektrische Effekte dar, die Größen $g_{3i} = 2Q_{33i}P^s$ sind die morphischen piezoelektrischen Koeffizienten. Wir sehen also, daß die Piezoelektrizität in der polaren Phase als eine durch die spontane Polarisation linearisierte Elektrostriktion anzusehen ist. In Abb. 58 ist das noch einmal graphisch erläutert.

Aus dem g_{mi} kann man die d_{mi} berechnen [9]:

$$d_{31} = g_{31}\varepsilon_3 = 2Q_{331}P^s\varepsilon_3$$

$$d_{33} = g_{33}\varepsilon_3 = 2Q_{333}P^s\varepsilon_3 .$$

Da $P^s \sim (T^c - T)^{1/2}$ (s. Gl. (2.1.17) bzw. (2.2.3) und (2.1.21), aber $\varepsilon_3 \sim \chi_3 \sim (T^c - T)^{-1}$ ist (s. Gl. (2.2.9a)), folgt $d_{3i} \sim (T^c - T)^{-1/2}$. Das stimmt für $BaTiO_3$-Einkristalle mit den experimentellen Ergebnissen gut überein [79, 80] (Abb. 59).

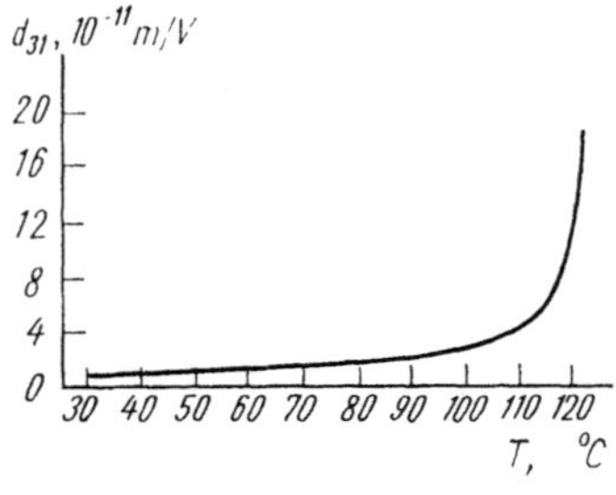

Abb. 59. Temperaturabhängigkeit des Piezomoduls d_{31} von Bariumtitanat

Zur Bestimmung der Elektrostriktionskonstanten gibt es die folgenden Möglichkeiten: In der paraelektrischen Phase aus der elektrostriktiven Dehnung als Funktion der Polarisation (s. z. B. [80a, 80b]) sowie in der polaren Phase aus den g_{mi} und der spontanen Dehnung (s. Abschn. 3.2.1). Für Bariumtitanat und TGS stimmen die Ergebnisse gut überein. Daraus folgt, daß die Q_{mni} nur sehr wenig von der Temperatur abhängig sind. Würde man dagegen zur Beschreibung der Elektrostriktion statt der Polarisation die elektrische Feldstärke als unabhängige Variable verwenden, so erhielte man Koeffizienten, welche der Temperaturabhängigkeit der DK entsprechen.

Die piezoelektrischen Koeffizienten des TGS kann man ebenfalls durch die Elektrostriktionskonstanten und die spontane Polarisation ausdrücken [81]:

$$g_{2i} = 2Q_{22i}P_2^s \quad (i = 1, 2, 3, 5)$$
$$g_{14} = g_{36} = Q_{124}P_2^s; \; g_{34} = Q_{234}P_2^s; \; g_{16} = Q_{126}P_2^s;$$
$$d_{2i} = \chi_{22}g_{2i} \quad (i = 1, 2, 3, 5)$$
$$d_{14} = \chi_{11}g_{14} + \chi_{13}g_{34}; \; d_{34} = \chi_{13}g_{14} + \chi_{33}g_{34}$$
$$d_{16} = \chi_{11}g_{16} + \chi_{13}g_{36}; \; d_{36} = \chi_{13}g_{16} + \chi_{33}g_{26}.$$

Es zeigt sich, daß nur die Piezomoduln vom Typ d_{2i}, die mit der ferroelektrischen Richtung verknüpft sind, bei Annäherung an den Curiepunkt anomal anwachsen. Die übrigen nehmen proportional $P_2{}^s$, d. h. proportional

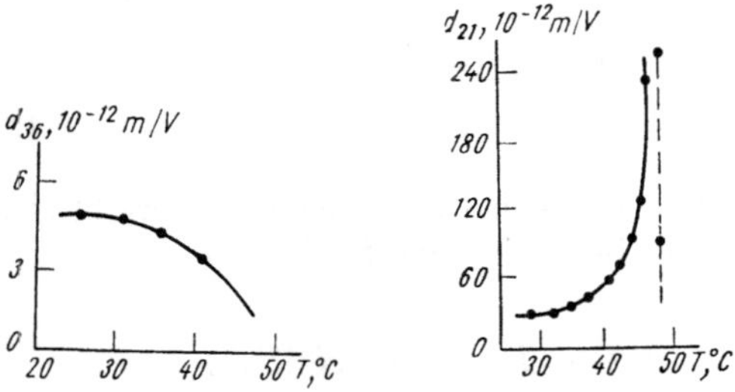

Abb. 60. Temperaturabhängigkeit des Piezomoduls d_{32} und d_{36} von TGS

$(T^c - T)^{1/2}$ ab. Wie Abb. 60 für d_{31} und d_{36} zeigt, stimmen diese Aussagen gut mit den experimentellen Ergebnissen überein.

4.3.2. *Weitere Folgen aus der elektrostriktiven Kopplung*

Um sämtliche elektromechanischen Eigenschaften eines Ferroelektrikums in der Nähe des Umwandlungspunktes zu beschreiben, müssen wir in dem Ausdruck (2.2.1) für die freie elastische Enthalpie neben den Gliedern in P_m auch die in T_i sowie die gemischten berücksichtigen:

$$G_1 = G_1{}^0 + A_{mn}(T - T^c)P_mP_n + B_{mnop}P_mP_nP_oP_p - 1/2 s_{ij}T_iT_j - Q_{mni}T_iP_mP_n\,. \qquad (4.3.10)$$

Bilden wir die negative Ableitung nach der mechanischen Spannung T_i, so erhalten wir bei Berücksichtigung von (2.1.5a) für die Dehnung S_i die elektrostriktive Gl. (4.3.6). Für das Folgende beschränken wir uns auf die ferroelektrische Richtung, die parallel zur z-Achse sei. Außerdem setzen wir eine Phasenumwandlung zweiter Ordnung voraus. In diesem Falle besitzt (4.3.10) die Form

$$G_1 = G_1^0 + A(T - T^c)P_3^2 + BP_3^4 - Q_{33i}T_iP_3^2 - 1/2 s_{ij}T_iT_j$$
$$= G_1^0 + \{A(T - T^c) - Q_{33i}T_i\}P_3^2 + BP_3^4 - 1/2 s_{ij}T_iT_j. \qquad (4.3.11)$$

Bilden wir die partielle Ableitung nach P_3, so ergibt sich (s. Gl. (2.1.5a)) für die elektrische Feldstärke

$$\frac{\partial G_1}{\partial P_3} = E_3 = \{2A(T - T^c) - 2Q_{33i}T_i\}P_3 + 4BP_3^3. \qquad (4.3.11\,\text{a})$$

Hieraus ersehen wir, daß die Q_{mni}-Konstanten außer der elektrostriktiven Dehnung die Abhängigkeit der bei kleinen Amplituden gemessenen reziproken Dielektrizitätskonstanten von der mechanischen Spannung T_i beschreiben:

$$\left(\frac{\partial E_3}{\partial P_3}\right)_{P\to 0} = \frac{1}{\varepsilon_3} = 2A(T - T^c) - 2Q_{33i}T_i.$$

Die Curietemperatur ist gekennzeichnet durch das Verschwinden des Gliedes mit P^2 in der freien elastischen Enthalpie bzw. der reziproken Anfangs-DK:

$$A\{T^c(T_i) - T^c(T_{i=0})\} - Q_{33i}T_i = 0.$$

Daraus ergibt sich für die Abhängigkeit der Curietemperatur von der mechanischen Spannung:

$$\frac{\partial T^c(T_i)}{\partial T_i} = \frac{Q_{33i}}{A}.$$

Da der hydrostatische Druck p gekennzeichnet ist durch

$$T_1 = T_2 = T_3 = -p;\; T_4 = T_5 = T_6 = 0,$$

lautet die Druckabhängigkeit der Curietemperatur:

$$\frac{\partial T^{\mathrm{c}}(p)}{\partial p} = -\frac{Q_{331} + Q_{332} + Q_{333}}{A} = \frac{-Q_{\mathrm{h}}}{A}.$$

Die Größe Q_{h} könnte man als hydrostatische elektrostriktive Konstante bezeichnen. Sie ist gleich dem Verhältnis zwischen der relativen Volumenänderung und dem Quadrat der Polarisation.

Aus der Extremalbedingung für die freie Enthalpie (Verschwinden der Ableitung (4.3.11a)) erhält man für die spontane Polarisation unterhalb des Umwandlungspunktes:

$$P_3^{\mathrm{s}}(T_i) = \left\{\frac{A(T^{\mathrm{c}} - T) + Q_{33i}T_i}{2B}\right\}^{1/2}. \qquad (4.3.12)$$

Auch hieraus erkennt man die Verschiebung der Curietemperatur, bei der P^{s} verschwindet, unter der Einwirkung einer mechanischen Spannung. Weiterhin können wir aus dieser Beziehung unmittelbar die Piezomoduln d_{mi} des ferroelektrischen Kristalls entnehmen. Die durch diese mechanische Spannung T_i hervorgerufene Polarisation ist nämlich:

$$P_3 = P_3^{\mathrm{s}}(T_i) - P_3^{\mathrm{s}}(T_i = 0) = \left[\{P_3^{\mathrm{s}}(T_i = 0)\}^2 + \frac{Q_{33i}}{2B} T_i\right]^{1/2} - P_3^{\mathrm{s}}(T_i = 0).$$

Weil $P_3 \ll P_3^{\mathrm{s}}$ ist, kann man das umformen in

$$P_3 = \frac{Q_{33i}}{4BP_3^{\mathrm{s}}} T_i = d_{3i} T_i.$$

Das ist natürlich dasselbe wie Gl. (4.3.8a). Um dies zu erkennen, muß man hierin ε_3 durch die Beziehung

$$\frac{1}{\varepsilon_3} = -2A(T^{\mathrm{c}} - T) + 12B(P_3^{\mathrm{s}})^2 = -2A(T^{\mathrm{c}} - T) + 12B\frac{A(T^{\mathrm{c}} - T)}{2B} = 4A(T^{\mathrm{c}} - T) = 8B(P_3^{\mathrm{s}})^2$$

ausdrücken. Wir sehen wiederum, daß d_{3i} dieselbe Temperaturabhängigkeit aufweist wie $1/P_3^s$, d. h. proportional $(T^c - T)^{-1/2}$ ist.

Schließlich untersuchen wir noch das Verhalten der elastischen Nachgiebigkeit am Umwandlungspunkt. Aus Gl. (4.3.6)

$$S_i = s_{ij}T_j + Q_{33i}P_3^2 \tag{4.3.6}$$

folgt durch partielle Ableitung nach T_j:

$$\partial S_i / \partial T_j = s_{ij}^P.$$

Die elastische Nachgiebigkeit, gemessen bei konstanter Polarisation, sollte sich also am Phasenumwandlungspunkt nicht ändern. (Die Bedingung $P = \text{const}$ läßt sich bei Ferroelektrika mit großer DK sehr gut dadurch realisieren, daß man einen „Luftspalt" zwischen den Elektroden und der Kristalloberfläche vorsieht.) Berechnen wir dagegen die elastische Nachgiebigkeit bei konstanter elektrischer Feldstärke, so erhalten wir

$$\left(\frac{\mathrm{d}S_i}{\mathrm{d}T_j}\right)_E = s_{ij}^E = \frac{\partial S_i}{\partial T_j} + \frac{\partial S_i}{\partial P_3}\left(\frac{\mathrm{d}P_3}{\mathrm{d}T_j}\right)_E$$

$$= s_{ij}^P + 2Q_{33i}P_3\left(\frac{\mathrm{d}P_3}{\mathrm{d}T_j}\right)_E. \tag{4.3.13}$$

(Die Bedingung $E = \text{const}$ liegt vor, wenn die Elektroden unmittelbar auf der Kristalloberfläche angebracht und kurzgeschlossen oder mit einer Spannungsquelle verbunden sind.)

Aus der Bedingung

$$E = \{2A(T - T^c) - 2Q_{33j}T_j\}\,P_3 + 4BP_3^3 = \text{const}$$

bzw. $\mathrm{d}E = \{2A(T - T^c) - 2Q_{33j}T_j + 12BP_3^2\}\,\mathrm{d}P$

$$- 2Q_{33j}P_3\,\mathrm{d}T_i = 0$$

folgt

$$\left(\frac{\mathrm{d}P_3}{\mathrm{d}T_i}\right)_E = \frac{2Q_{33j}P_3}{\{-2A(T^c - T) + 2Q_{33j}T_j + 12BP_3^2\}}$$

$$= \frac{Q_{33j}}{4BP^s}, \tag{4.3.14}$$

wenn man $P_3 = P^s$ setzt und den Nenner wieder mit Hilfe der Gl. (4.3.12) umformt.
Somit ist

$$s_{ij}^E = s_{ij}^P + \frac{Q_{33i}Q_{33j}}{2B}. \tag{4.3.15}$$

Alle bisherigen Betrachtungen beziehen sich natürlich nur auf Eindomänenkristalle. Wie bereits in Abschn. 3.3 bemerkt, strebt der ferroelektrische Kristall bei der Aufspaltung in Domänen der Symmetrie der paraelektrischen

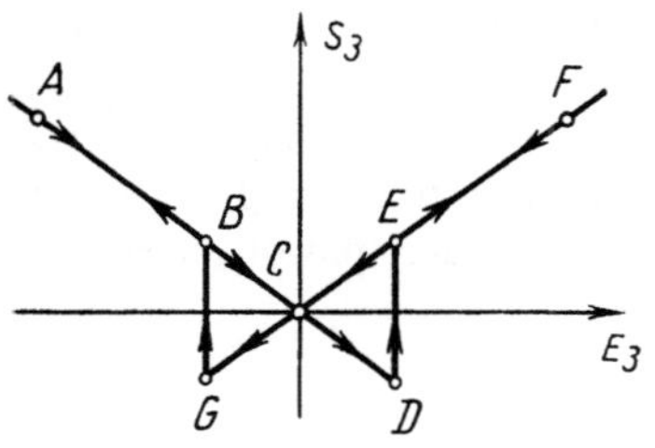

Abb. 61. Umgekehrter piezoelektrischer Effekt in Ferroelektrika vom Typ (schematisch)

Phase zu. Deshalb sind ferroelektrische Vieldomänenkristalle vom Typ 1, deren Domänenordnung zentrosymmetrisch ist, makroskopisch nicht piezoelektrisch. Den eindomänigen und damit makroskopisch piezoelektrischen Zustand kann man mit einem Gleichfeld erzielen. Die Abhängigkeit der Dehnung S_3 von der elektrischen Feldstärke ist für Bariumtitanat in Abb. 61 gezeigt. Die Steigung der Abschnitte AC und CF entspricht dem

Piezomodul d_{33}. Zwischen den Punkten CD und CG ist die Richtung der elektrischen Feldstärke entgegengesetzt zur spontanen Polarisation gerichtet. Im Punkte D bzw. G, wo die Feldstärke gleich dem Koerzitivfeld ist, ändert die spontane Polarisation und damit auch der Piezoeffekt, der ja proportional P^s ist, das Vorzeichen. Somit hängt in ferroelektrischen Kristallen vom Typ I die piezoelektrische Deformation nicht vom Vorzeichen der Feldstärke ab, falls diese größer als E^c ist. Bei Feldstärken kleiner als E^c werden das Vorzeichen und der Betrag der piezoelektrischen Dehnung durch die Domänenstruktur des Kristalls bestimmt.

4.3.3. Elektromechanische Eigenschaften der Ferroelektrika vom Typ II

Als Beispiel für ein Ferroelektrikum mit nicht zentrosymmetrischer — und daher piezoelektrischer — paraelektrischer Bezugsphase untersuchen wir das Seignettesalz. Oberhalb des oberen Curiepunktes (+24 °C) gehört es zur Klasse 222. Das Schema der piezoelektrischen Koeffizienten hat hier die Form

$$\begin{matrix} 0 & 0 & 0 & g_{14} & 0 & 0 \\ 0 & 0 & 0 & 0 & g_{25} & 0 \\ 0 & 0 & 0 & 0 & 0 & g_{36}\,. \end{matrix} \qquad (4.3.16)$$

Die von Null verschiedenen Koeffizienten geben die Beziehung zwischen der elektrischen Feldstärke in Richtung einer Koordinatenachse und der sie bedingenden Schubspannung in der Ebene senkrecht dazu (direkter Effekt) bzw. zwischen der Scherung in einer Koordinatenebene und der sie bedingenden Polarisation senkrecht dazu an (umgekehrter Effekt). Ferroelektrische Richtung ist die x-Achse. Senkrecht zu dieser gibt es keine besonderen dielektrischen Eigenschaften in der Nähe der Umwandlungspunkte.

In der polaren Phase ist die Symmetrie des Seignettesalzes niedriger. Es gehört hier zur Klasse 2. Das Schema der piezoelektrischen Koeffizienten hat hier die Form

$$\begin{matrix} g_{11} & g_{12} & g_{13} & g_{14} & 0 & 0 \\ 0 & 0 & 0 & 0 & g_{25} & g_{26} \\ 0 & 0 & 0 & 0 & g_{35} & g_{36}\,. \end{matrix} \qquad (4.3.17)$$

Die neu auftretenden (morphischen) Koeffizienten g_{11} g_{12}, g_{13}, g_{26} und g_{35} sind gleichen Ursprungs wie bei den Ferroelektrika vom Typ I, d. h. sie sind proportional der spontanen Polarisation.

In der paraelektrischen Phase werden die linearen dielektrischen, elastischen und piezoelektrischen Eigenschaften, wie sie bei kleinen Änderungen der unabhängigen Variablen zu messen sind, durch die folgenden Gleichungen beschrieben [82]:

$$\begin{aligned} P_1 &= d_{14} T_4 + \varepsilon_{11}^{T_4} E_1 \\ S_4 &= s_{44}^{E} T_4 + d_{14} E_1 \end{aligned} \qquad (4.3.18)$$

$$\begin{aligned} P_1 &= e_{14} S_4 + \varepsilon_{11}^{S_4} E_1 \\ T_4 &= c_{44}^{E} S_4 - e_{14} E_1 \end{aligned} \qquad (4.3.19)$$

$$\begin{aligned} E_1 &= -g_{14} T_4 + \beta_{11}^{T_4} P_1 \\ S_4 &= s_{44}^{P} T_4 + g_{14} P_1 \end{aligned} \qquad (4.3.20)$$

$$\begin{aligned} E_1 &= -h_{14} S_4 + \beta_{11}^{S_4} P_1 \\ S_4 &= c_{44}^{P} S_4 - h_{14} P_1\,. \end{aligned} \qquad (4.3.21)$$

Dabei haben wir nur die Komponenten der elektrischen Feldstärke bzw. Polarisation in Richtung der ferroelektrischen Achse berücksichtigt. Aus diesen Gleichungen erhalten wir die Beziehungen:

$$\begin{aligned}
&\varepsilon_{11}^{T_4} = 1/\beta_{11}^{T_4}; \; c_{44}^{P} = 1/s_{44}^{P}; \; g_{14} = h_{14}s_{44}^{P} \\
&d_{14} = \varepsilon_{11}^{T_4} g_{14} = \varepsilon_{11}^{T_4} h_{14} s_{44}^{P}, \\
&s_{44}^{E} = s_{44}^{P} + g_{14}d_{14} = s_{44}^{P}(1 + h_{14}d_{14}), \qquad (4.3.22) \\
&\beta_{11}^{S_4} = \beta_{11}^{T_4} + g_{14}h_{14} = \beta_{11}^{T_4}(1 + h_{14}d_{14}), \\
&\beta_{11}^{T_4}/\beta_{11}^{S_4} = s_{44}^{P}/s_{44}^{E} = \varepsilon_{11}^{S_4}/\varepsilon_{11}^{T_4}.
\end{aligned}$$

Nähert man sich dem Curiepunkt von der paraelektrischen Phase her, so stellt man fest, daß d_{14}, e_{14}, s_{44}^{E}, $\varepsilon_{11}^{T_4}$ und $\varepsilon_{11}^{S_4}$ anomal anwachsen, während h_{14}, g_{14}, c_{44}^{P} und s_{44}^{P},

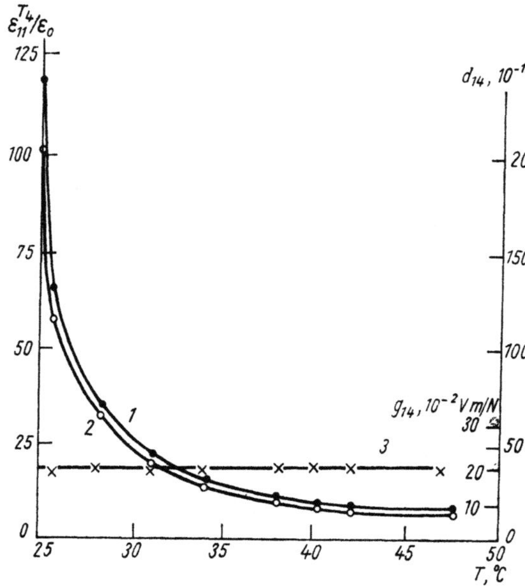

Abb. 62. Temperaturabhängigkeit der Größen $\varepsilon_{11}^{T_4}$ (1), d_{14} (2) und g_{14} (3) bei Seignettesalz oberhalb der Curietemperatur

also die Größen, die in den Zustandsgleichungen mit P_1 als unabhängiger Variabler auftreten, eine vollkommen normale Temperaturabhängigkeit in der Umgebung des Phasenumwandlungspunktes aufweisen. Als Beispiel sind in Abb. 62 g_{14}, d_{14} und $\varepsilon_{11}^{T_4}/\varepsilon_0$ aufgetragen.

In den Gleichungen (4.3.20) zeigt nur $\beta_{11}^{T_4}$ eine anomale Temperaturabhängigkeit. Die übrigen Koeffizienten, die hierin vorkommen, bezeichnet man als die „wahren" Konstanten. Bei ihrer Bestimmung ist auch die Beschränkung auf „kleine" Zustandsänderungen nicht erforderlich. Bezüglich g_{14} gilt die lineare Beziehung zwischen der Scherung S_4 und der Polarisation P_1 auch im ferroelektrischen Gebiet für die spontane Scherung $S_4{}^s = g_{14}P^s$. Ebenso wie für ε_{11} gilt für d_{14} und für $s_{44}^E - s_{44}^P$ das CURIE-WEISSsche Gesetz [83].

4.3.4. *Piezoelektrizität ferroelektrischer Vieldomänenkristalle vom Typ II*

Wir denken uns einen Seignettesalzkristall, der aus zwei antiparallelen, monoklinen Domänen besteht, die einen Zwilling mit der z-Achse als Zwillingsachse bilden (Abb. 41). Ein solcher Zwilling besitzt die Symmetrie 2, ebenso wie jede seiner Komponenten. Wir wollen jetzt das Schema der piezoelektrischen Komponenten des gesamten Kristalls bestimmen. Für jede einzelne Domäne besitzt diese Matrix die Form (4.3.17). Allerdings sind die auf die kristallographischen Achsen bezogenen Koordinatensysteme für beide Komponenten verschieden. Um die resultierende Piezoelektrizität zu ermitteln, müssen wir die d_{mi} alle auf ein Koordinatensystem beziehen. Führen wir die entsprechende Transformation, die einer Drehung von 180° um die z-Achse entspricht, für die eine Zwillingskomponente durch, so erhalten wir für die piezoelektrischen Koeffizienten der einen Komponente im Achsensystem der anderen die Matrix

$$\begin{matrix} -g_{11} & -g_{12} & -g_{13} & g_{14} & 0 & 0 \\ 0 & 0 & 0 & 0 & g_{25} & -g_{36} \\ 0 & 0 & 0 & 0 & -g_{35} & g_{36}\,. \end{matrix} \tag{4.3.23}$$

Wenn beide Komponenten des Zwillings einander gleich sind, so ist die resultierende Matrix gleich der halben Summe der Matrizen (4.3.17) und (4.3.23). Als Ergebnis erhalten wir dasselbe Schema (4.3.16) wie für den paraelektrischen, rhombischen Kristall der Symmetrie 222. Wir wollen das anhand von Abb. 41 näher erläutern. Eine Schubspannung in der yz-Ebene erzeugt bei beiden Zwillingskomponenten Deformationen entgegengesetzten Vorzeichens. Wegen der entgegengesetzten Richtungen der x-Achsen werden aber die piezoelektrischen Ladungen auf den (100)-Flächen beider Komponenten dasselbe Vorzeichen besitzen. Eine mechanische Spannung in x-Richtung dagegen wird bei beiden Komponenten Dehnungen desselben Vorzeichens erzeugen. Wegen der entgegengesetzten Richtungen der x-Achsen werden hier die piezoelektrischen Ladungen entgegengesetztes Vorzeichen besitzen, und ihre Summe wird gleich Null sein. Diese Überlegungen lassen sich sinngemäß auf einen vieldomänigen Seignettesalzkristall übertragen.

4.4. Optische Eigenschaften

4.4.1. Optische, elektrooptische und elastooptische Eigenschaften der Kristalle

Die Lichtausbreitung in Kristallen beschreibt man mit Hilfe des Brechungsellipsoids, das oft auch als Indikatrix bezeichnet wird. Für kubische Kristalle hat dieses die Form einer Kugel:

$$\frac{x^2 + y^2 + z^2}{n^2} = 1\,. \tag{4.4.1}$$

Dabei ist n der Brechungsindex. Für Kristalle des hexagonalen, trigonalen und tetragonalen Systems besitzt die Indikatrix die Form eines Rotationsellipsoids (optisch einachsige Kristalle). Im Hauptachsensystem, in dem die Koordinatenachsen mit den Hauptachsen des Ellipsoids zusammenfallen, lautet seine Gleichung:

$$\frac{x^2 + y^2}{n_1{}^2} + \frac{z^2}{n_2{}^2} = 1 .$$

Für die Indikatrix der Kristalle des rhombischen, monoklinen und triklinen Systems schließlich gilt die Gleichung

$$\frac{x^2}{n_1{}^2} + \frac{y^2}{n_2{}^2} + \frac{z^2}{n_3{}^2} = 1 , \qquad (4.4.2)$$

die ein allgemeines Ellipsoid beschreibt.

Die Größen $1/n_1{}^2 = a_{11}$, $1/n_2{}^2 = a_{22}$ und $1/n_3{}^2 = a_{33}$ bezeichnet man als Polarisationskonstanten im Hauptachsensystem. In einem dazu gedrehten System mit demselben Ursprung hat (4.4.2) die Form

$$a'_{11}x'^2 + a'_{22}y'^2 + a'_{33}z^2 + 2a'_{23}y'z' + 2a'_{31}z'x' + 2a'_{12}x'y' = 1 .$$

Die Polarisationskonstanten dieser Gleichung sind die Komponenten eines symmetrischen Tensors 2. Stufe. Sie werden aus den a_{op} des Hauptachsensystems durch die Transformationsgleichung

$$a'_{mn} = c_{mo}c_{np}a_{op}$$

berechnet, wobei die c_{no} die Kosinus der Winkel zwischen den Achsen des gestrichenen und des Hauptachsensystems bedeuten.

Durch eine Zustandsänderung, z. B. durch Veränderung der elektrischen Feldstärke und der mechanischen Dehnung kann die Indikatrix bezüglich ihrer Form und Orientierung gegenüber des auf die kristallographischen Achsen bezogenen Koordinatensystems verändert werden. Die Änderung der Polarisationskonstanten Δa_{mn} kann man in der folgenden Form schreiben [4]:

$$\Delta a_{mn} = r_{mno}E_o + R_{mnop}E_oE_p + p_{mni}S_i. \qquad (4.4.3)$$

Das erste und zweite Glied beschreiben elektrooptische Effekte, und zwar den linearen bzw. POCKELS-Effekt und den quadratischen bzw. KERR-Effekt. Das dritte Glied schließlich entspricht dem elasto-optischen Effekt. In dieser Gleichung sind die elektrooptischen Konstanten r_{mno} und R_{mnop} bei konstanter Dehnung zu messen, d. h. die Frequenz des Meßfeldes muß größer als die Frequenz der Eigenschwingungen des Kristalls sein, so daß der Kristall infolge seiner Trägheit geklemmt ist. Bei tiefen Frequenzen können sich piezoelektrische bzw. elektrostriktive Dehnungen ausbilden, welche über den elastooptischen Effekt einen zusätzlichen Beitrag zu Δa_{mn} liefern. Die elektrooptischen Effekte des „freien“ Kristalls sind daher größer als die des geklemmten.

Die Koeffizientenschemata der r_{mno} und R_{mnop} entsprechen denen der piezoelektrischen bzw. elektrostriktiven Koeffizienten.

Beschreiben wir die elektrooptischen Effekte als Funktion der Polarisation, gilt

$$\Delta a_{mn} = \varrho_{mno}P_o + M_{mnop}P_oP_p, \qquad (4.4.4)$$

mit den Beziehungen

$$r_{mno} = \chi_{op}\varrho_{mnp}; \; R_{mnop} = \chi_{oq}\chi_{pr}M_{mnqr}. \qquad (4.4.5)$$

Die elastooptischen Koeffizienten p_{mni} in Gl. (4.4.3) lassen sich zu den spannungsoptischen Koeffizienten π_{mni} in Beziehung setzen:

$$\pi_{mni} = p_{mnj}s_{ij}.$$

Die Größen π_{mni} und p_{mni} (gemessen bei konstanter Polarisation) sowie ϱ_{mno} und M_{mnop} kann man als die „wahren“ Koeffizienten bezeichnen. Die r_{mno} und R_{mnop} dagegen weisen ähnliche Anomalien in der Temperaturabhängigkeit auf wie die Suszeptibilität bzw. DK.

4.4.2. *Spontaner elektrooptischer Effekt*

Aus Gl. (4.4.4) geht hervor, daß sich die Polarisationskonstanten eines ferroelektrischen Einkristalls beim Auftreten der spontanen Polarisation am Curiepunkt ändern.

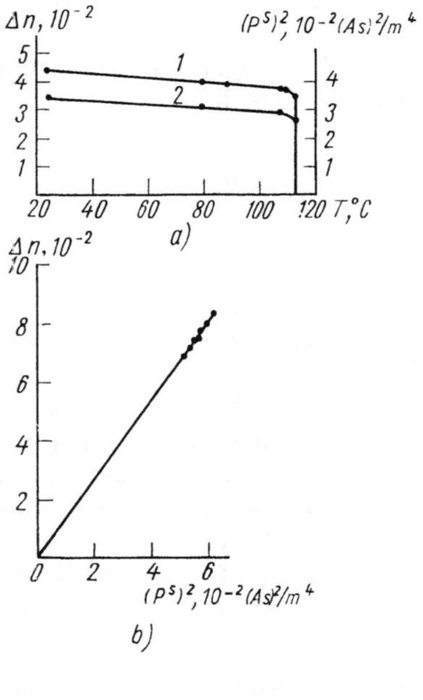

Abb. 63. Spontaner elektrooptischer Effekt in Bariumtitanat, (a) Abhängigkeit der spontanen Doppelbrechung (1) und des Quadrats der spontanen Polarisation (2) von der Temperatur, (b) Abhängigkeit der spontanen Doppelbrechung vom Quadrat der spontanen Polarisation

Bei den Ferroelektrika vom Typ I handelt es sich bei diesem „spontanen“ elektrooptischen Effekt um einen spontanen Kerr-Effekt [86, 87], der durch das Quadrat der spontanen Polarisation bestimmt ist. In Abb. 63a sind die Abhängigkeit der spontanen Doppelbrechung und des Quadrats der spontanen Polarisation eines Bariumtitanatkristalls von der Temperatur aufgetragen [88]. Daß beide Kurven einen analogen Verlauf zeigen, geht noch deutlicher aus Abb. 63b hervor, wo die spontane Doppelbrechung als Funktion von $(P^s)^2$ aufgetragen ist.

Die Indikatrix des paraelektrischen, kubischen Bariumtitanats entspricht Gl. (4.4.1). Mit dem Auftreten der spontanen Polarisation in [001]-Richtung ändert sich diese entsprechend der Matrix der den quadratischen elektrooptischen Effekt beschreibenden Koeffizienten [4] auf folgende Weise:

$$(a_1 + M_{13}P_3^2)\,(x^2 + y^2) + (a_1 + M_{33}P_3^2)z^2 = 1\,.^{1)}$$

Hieraus folgt, daß die Doppelbrechung für Licht, das sich in [100]-Richtung ausbreitet, gleich

$$\Delta n = \frac{1}{2} n_0^3 P_3^2 (M_{33} - M_{13})$$

ist. Aus den in Abb. 63b angegebenen Ergebnissen findet man

$$M_{33} - M_{13} = 0{,}15\ \mathrm{m}^4/(\mathrm{As})^2.$$

Bei den Ferroelektrika vom Typ II treten am Curiepunkt sowohl spontane lineare als auch spontane quadratische elektrooptische Effekte auf. Als Beispiel betrachten wir die Eigenschaften des Seignettesalzes in der Umgebung des oberen Curiepunktes. In der rhombischen, paraelektrischen Phase wird seine Indikatrix durch Gl. (4.4.2) bestimmt. Beim Auftreten der spontanen

---

[1]) Hier und im Folgenden benutzen wir die Matrixschreibweise, bei der die Indexpaare auf die folgende Weise reduziert werden:

$$11 \to 1 \qquad 22 \to 2 \qquad 33 \to 3$$
$$\left.\begin{matrix}23\\32\end{matrix}\right\} \to 4 \qquad \left.\begin{matrix}31\\13\end{matrix}\right\} \to 5 \qquad \left.\begin{matrix}12\\21\end{matrix}\right\} \to 6.$$

Polarisation in der [100]-Richtung nimmt sie die folgende Form an:

$$(a_1 + M_{11}P_1^2)\,x^2 + (a_2 + M_{21}P_1^2)y^2 + (a_3 + M_{31}P_1^2)z^2 + 2\varrho_{41}P_1yz = 1.$$

Hier wird die Indikatrix also durch die spontane Polarisation aufgrund des quadratischen elektrooptischen Effektes deformiert und aufgrund des linearen Effektes um die [100]-Richtung um den Winkel ξ gedreht, der durch die Beziehung

$$\tan^2 \xi = (2n_2^2n_3^2\varrho_{41}P_1)/(n_3^2 - n_2^2)$$

bestimmt ist. Die spontane Doppelbrechungsänderung für Licht, das sich in Richtung der kristallographischen Achsen (des rhombischen Systems) ausbreitet, ist gegeben durch

$$\Delta n_1 = \frac{1}{2}(n_3^3M_{31} - n_2^3M_{21})P_1^2 = M_1P_1^2$$

$$\Delta n_2 = \frac{1}{2}(n_1^3M_{11} - n_3^3M_{31})P_1^2 = M_2P_1^2$$

$$\Delta n_3 = \frac{1}{2}(n_2^3M_{21} - n_1^3M_{11})P_1^2 = M_3P_1^2.$$

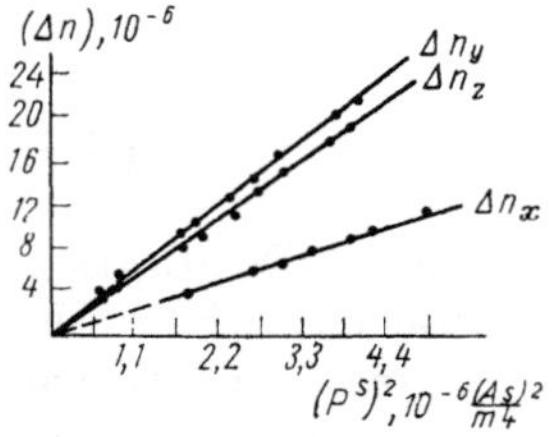

Abb. 64. Abhängigkeit der spontanen Doppelbrechung vom Quadrat der spontanen Polarisation beim Seignettesalz

Dabei sind die n_1, n_2 und n_3 die drei Hauptbrechungsindizes. Die experimentelle Bestätigung dieser Beziehungen kann man aus Abb. 64 und Abb. 65 ersehen [89, 90]. Aus diesen Ergebnissen ergibt sich

$$M_1 = 4{,}5\ \mathrm{m^4/(As)^2}, \quad M_2 = -10{,}8\ \mathrm{m^4/(As)^2},$$

$$M_3 = 9{,}9\ \mathrm{m^4/(As)^2}, \quad \varrho_{41} = 6{,}3 \cdot 10^{-4}\ \mathrm{m^2/As}.$$

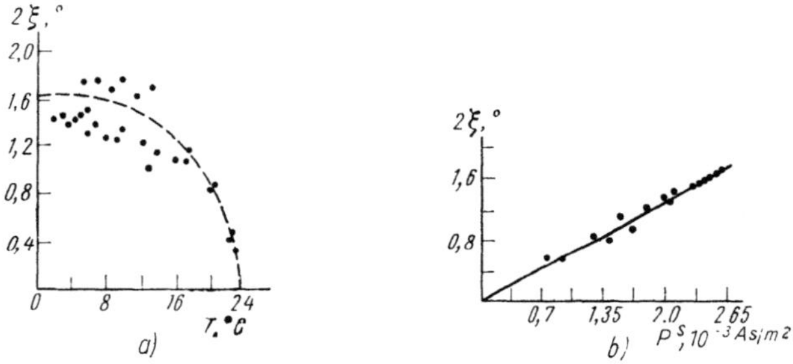

Abb. 65. Abhängigkeit des Drehwinkels der optischen Indikatrix 2ξ von der Temperatur (a) und der spontanen Polarisation (b) beim Seignettesalz

4.4.3. *Morphische elektrooptische Koeffizienten*

In der polaren Phase, deren Symmetrie niedriger als die der paraelektrischen Phase ist, treten neue lineare elektrooptische Koeffizienten auf:

$$\Delta a_i = r_{im} E_m. \tag{4.4.6}$$

Diese lassen sich als durch die spontane Polarisation linearisierte quadratische Effekte ansehen, wie es in analoger Weise für die morphischen piezoelektrischen Koeffizienten in Abschn. 4.3.1 gezeigt wurde. Ersetzen wir in dem Ausdruck

$$(\Delta a_i)' = M_{im} P_m'^2$$

P' durch die Summe aus spontaner (P_m^s) und der durch ein äußeres Feld in Richtung der ferroelektrischen Achse induzierte Polarisation P,

$$P' = P^s + P, \tag{4.4.7}$$

so erhalten wir bei Vernachlässigung von Gliedern höherer Ordnung:

$$(\Delta a_i)' = (\Delta a_i)^s + \Delta a_i = M_{im}(P_m^s)^2 + (2M_{im}P^s)\,P_m. \tag{4.4.8}$$

Das erste Glied beschreibt den spontanen elektrooptischen KERR-Effekt, das zweite einen durch die spontane Polarisation hervorgerufenen linearen (POCKELS)-Effekts

$$\Delta a_i = 2M_{im}P_m^sP_m. \tag{4.4.9}$$

In Abhängigkeit von der Feldstärke erhalten wir:

$$\Delta a_i = (2M_{im}\varepsilon_{mn}P_m^s)E_n. \tag{4.4.10}$$

Die in der polaren Phase neu auftretenden linearen elektrooptischen Koeffizienten sind also bestimmt durch

$$r_{in} = 2M_{im}\varepsilon_{mn}P_m^s. \tag{4.4.11}$$

Als Beispiel betrachten wir die elektrooptischen Eigenschaften des TGS [91]. Durch ein elektrisches Feld in Richtung der ferroelektrischen Achse wird die optische Indikatrix sowohl in Richtung der drei Hauptachsen deformiert als auch um die ferroelektrische Richtung gedreht. Die Doppelbrechungsänderungen für Licht, das sich in Richtung der drei rechtwinkligen Achsen des auf die kristallographischen Achsen bezogenen Koordinatensystems ausbreitet, sind:

$$\Delta n_1 = \frac{1}{2}(n_3^3r_{32} - n_2^3r_{22})E_2 = r_1\,E_2$$

$$\Delta n_2 = \frac{1}{2}(n_3^3r_{32} - n_1^3r_{12})E_2 = r_2\,E_2$$

$$\Delta n_3 = \frac{1}{2}(n_1^3r_{12} - n_2^3r_{22})E_2 = r_3\,E_2.$$

In Abb. 66 ist die Abhängigkeit des bei kleiner Feldstärke gemessenen elektrooptischen Koeffizienten r_3 ebenso wie r_3^{-2} von der Temperatur aufgetragen. Diese Kurven entsprechen Gl. (4.4.11). Weil $\varepsilon \sim (T^c - T)^{-1}$

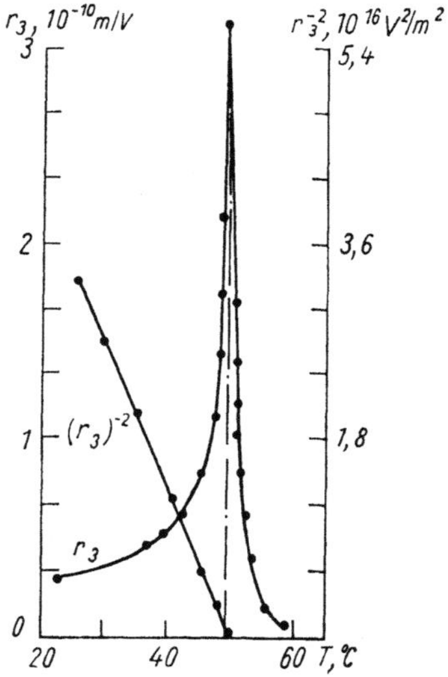

Abb. 66.
Temperaturabhängigkeit der elektrooptischen Koeffizienten r_3 und $1/r_3^2$ beim TGS

und $P^s \sim (T^c - T)^{1/2}$, ist $r_3 \sim (T^c - T)^{-1/2}$. Wie aus (4.4.11) und (4.4.5) folgt, ist

$$\varrho_{im} = 2P_m^s M_{im}. \tag{4.4.12}$$

Weil M_{im} als wahre Konstante praktisch nicht von der Temperatur abhängt, muß sich ϱ_{im} in gleicher Weise wie P_m^s mit der Temperatur ändern. Das läßt sich beim TGS ebenfalls nachweisen, wie Abb. 67 zeigt, wo ϱ_1 und ϱ_3 gegen die Temperatur aufgetragen sind. Die Messungen erfolgten im überlagerten Gleichfeld, daher verschwinden die ϱ_i am Curiepunkt nicht.

4.4.4. Elektrooptische Eigenschaften während des Umpolens

Alle bisher durchgeführten Betrachtungen bezogen sich auf die Eigenschaften von Eindomänenkristallen. Wenn man bei einem ferroelektrischen Kristall den elektrooptischen Effekt in Abhängigkeit von der Feldstärke

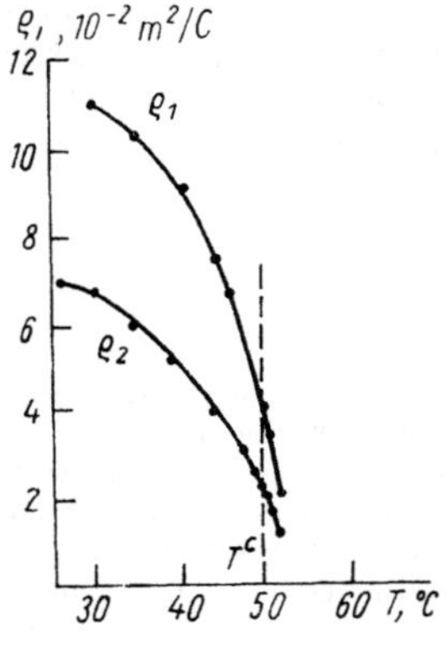

Abb. 67. Temperaturabhängigkeit der elektrooptischen Koeffizienten ϱ_1 und ϱ_2 beim TGS

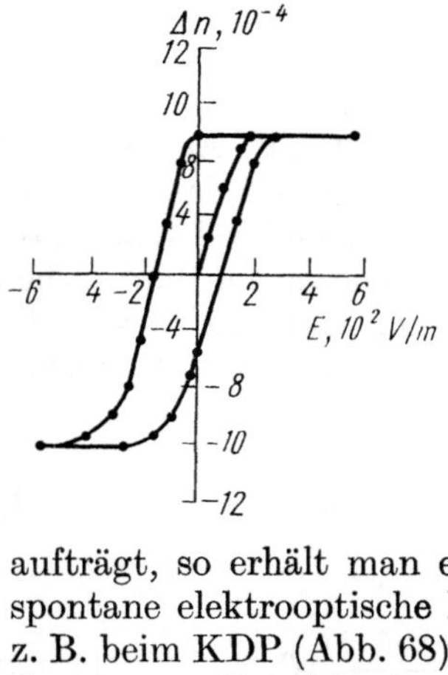

Abb. 68. Elektrooptische Hysteresekurve beim KDP

aufträgt, so erhält man eine Hysteresekurve, wenn der spontane elektrooptische Effekt proportional P^s ist, wie z. B. beim KDP (Abb. 68). Bei Ferroelektrika vom Typ I dagegen ergäbe sich eine Kurve, wie sie schematisch in Abb. 61 für den piezoelektrischen Effekt abgebildet ist.

4.5. Thermische Eigenschaften

4.5.1. Temperaturabhängigkeit der Wärmekapazität, Umwandlungswärme und -entropie

Erwärmt man einen ferroelektrischen Kristall in der polaren Phase, so verschwindet im Curiepunkt die spontane Polarisation, d. h. die Ordnung der Strukturelemente verringert sich. Daher ist eine zusätzliche Energie erforderlich, um den Kristall in die unpolare,

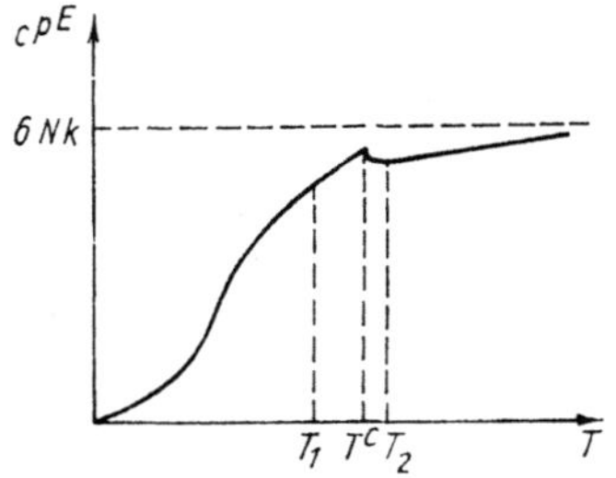

Abb. 69. Temperaturabhängigkeit der Wärmekapazität eines Ferroelektrikums (die gestrichelte Kurve gibt den Grenzwert für Ionenkristalle entsprechend dem Dulong-Petitschen Gesetz an)

paraelektrische Phase zu überführen. Das wirkt sich in einer Anomalie der Wärmekapazität aus. Abb. 69 zeigt eine typische Temperaturabhängigkeit dieser Größe, $c^{p,E}$, wie sie bei konstantem Druck und bei konstanter Feldstärke gemessen wird. Die den normalen DEBYEschen Verlauf übersteigende Wärmekapazität steht mit der zusätzlichen Energie ΔQ bzw. Entropie ΔS in der folgenden Beziehung:

$$\Delta Q = \int_{T_1}^{T_2} (c^{p,E} - c_0{}^{p,E})\, \mathrm{d}T\,, \tag{4.5.1}$$

$$\Delta S = \int_{T_1}^{T_2} \frac{(c^{p,E} - c_0{}^{p,E})}{T}\, \mathrm{d}T\,. \tag{4.5.2}$$

Dabei bedeutet $c_0{}^{p,E}$ die normale Wärmekapazität des Kristallgitters.

Im zweiten Kapitel wurde gezeigt, welche Folgerungen bezüglich der Wärmekapazität aus der allgemeinen Theorie der Phasenumwandlungen in Kristallen zu ziehen sind, wenn der Zustandsparameter die spontane Polarisation ist. Aus der Entwicklung der freien elastischen Enthalpie (2.2.2) erhalten wir für $E = 0$ unter der Voraussetzung, daß nur der Koeffizient von P^2 von der Temperatur abhängt:

$$c^{p,E}(T < T^{\mathrm{c}}) - c^{p,E}(T > T^{\mathrm{c}}) = A T^{\mathrm{c}} \frac{\mathrm{d}(P^{\mathrm{s}})^2}{\mathrm{d}T}. \tag{4.5.3}$$

In Abb. 70 ist die Temperaturabhängigkeit der Wärmekapazität für eine Phasenumwandlung zweiter Ordnung dargestellt, wobei vorausgesetzt wurde, daß $(P^{\mathrm{s}})^2 = \frac{A}{2B}(T^{\mathrm{c}} - T)$

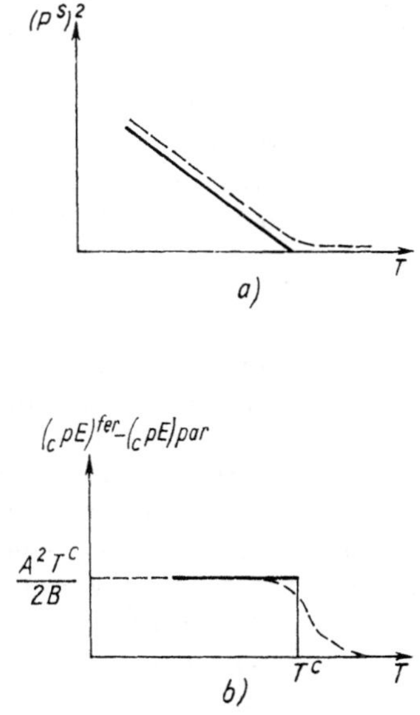

Abb. 70. Theoretische Temperaturabhängigkeit des Quadrats der spontanen Polarisation (a) und der Wärmekapazität (b) ferroelektrischer Kristalle bei Phasenumwandlungen zweiter Ordnung
(—— $E = 0$; - - - $E \neq 0$)

ist. Die Theorie liefert also einen Sprung der Wärmekapazität bei $E = 0$, dessen Betrag aus elektrisch meßbaren Größen bestimmt werden kann.

Bei angelegtem Gleichfeld verschwindet die spontane Polarisation nicht unmittelbar am Curiepunkt, sie geht vielmehr stetig in die induzierte der paraelektrischen Phase über. Dabei geht der Sprung der Wärmekapazität in einen stetigen Verlauf über, wobei $c^{p,E}$ in der polaren Phase kleiner, in der paraelektrischen Phase größer ist als ohne Feld (gestrichelte Kurve in Abb. 70).

Bei Phasenumwandlungen erster Ordnung ändert sich die Entropie des Kristalls im Curiepunkt sprunghaft. Die dabei auftretende latente Wärme ist der zusätzlichen Energie zuzuschreiben, die mit der sprunghaften Änderung der spontanen Polarisation verbunden ist:

$$\Delta Q = T^{\mathrm{c}} \Delta S .$$

In einem Phasenumwandlungspunkt erster Ordnung steigt die Wärmekapazität steil an, weil die gesamte, dem Kristall zugeführte Wärme bei $T = T^{\mathrm{c}}$ der Phasenumwandlung dient. Die Temperatur bleibt so lange konstant, bis sich die Probe vollständig in die neue Phase umgewandelt hat. Aus den Gleichungen (4.5.1) bis (4.5.3) erhält man eine Beziehung für die gesamte zusätzliche Energie einer Phasenumwandlung sowohl erster als auch zweiter Ordnung:

$$\Delta Q = A T^{\mathrm{c}} (P^{\mathrm{s}})^2 . \qquad (4.5.4)$$

Dabei ist für P^{s} der Wert der spontanen Polarisation bei der Temperatur der unteren Integrationsgrenze einzusetzen (4.5.1).

Im allgemeinen wird die Temperaturabhängigkeit der Wärmekapazität von Ferroelektrika an pulverförmigen Proben gemessen. Dabei ist natürlich der elektrische Zustand der Probe nicht eindeutig fixiert. Eine wesentliche Schwierigkeit bereitet auch die Interpretation des „Ausläufers“ der Wärmekapazität, den man oberhalb des Curiepunktes erhält. Er könnte auf depolarisierende

Felder zurückzuführen sein. Auch wird der Beitrag der Wandenergie nicht berücksichtigt, der durchaus wesentlich sein kann. Um die Bedingung $E = 0$ zu gewährleisten, muß man die Wärmekapazität an einem kurzgeschlossenen Kristall messen. Um den Einfluß der Wandenergie auszuschließen, muß die Probe zuvor eindomänig gemacht werden.

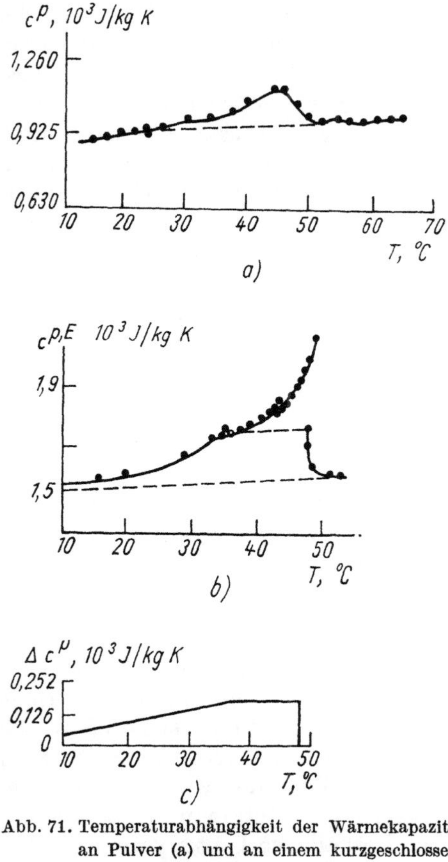

Abb. 71. Temperaturabhängigkeit der Wärmekapazität beim TGS, gemessen an Pulver (a) und an einem kurzgeschlossenen Einkristall (b); den theoretischen Verlauf zeigt (c)

Abbildung 71 zeigt, wie der elektrische Zustand der Probe die Temperaturabhängigkeit der Wärmekapazität beeinflußt. Teilfigur (a) zeigt die Ergebnisse, die an pulverförmigem Material erhalten wurden [92], Abb. 71b dagegen die Resultate für einen kurzgeschlossenen Einkristall [93]. In Abb. 71c schließlich ist die aus Gl. (4.5.3) berechnete Kurve dargestellt.

Die Interpretation der gemessenen Temperaturabhängigkeit der Wärmekapazität im Rahmen der thermodynamischen Theorie bereitet einige Schwierigkeiten. Der steile Anstieg in der Nähe eines Umwandlungspunktes zweiter Ordnung ist offensichtlich auf eine zusätzliche Korrelationsenergie zurückzuführen, die durch räumlich inhomogene Fluktuationen der Polarisation bedingt ist und die in der allgemeinen Theorie nicht berücksichtigt wird.

Tabelle 5

Umwandlungswärme und Umwandlungsentropie einiger Ferroelektrika

Verbindung	ΔQ J/kmol	ΔS J/kmol · K
$BaTiO_3$	$2 \cdot 10^5$	$5{,}0 \cdot 10^2$
$KNbO_3$	$8{,}8 \cdot 10^5$	$1{,}1 \cdot 10^3$
$PbTiO_3$	$4{,}8 \cdot 10^6$	$6{,}3 \cdot 10^3$
KH_2BO_4	$3{,}6 \cdot 10^5$	$3{,}1 \cdot 10^3$
$NaNO_2$	$1{,}2 \cdot 10^6$	$2{,}8 \cdot 10^3$
TGS	$1{,}4 \cdot 10^6$	$4{,}2 \cdot 10^3$
Seignettesalz	—	$4{,}2 \cdot 10^3$
NH_4HSO_4	$5{,}0 \cdot 10^5$	$2{,}1 \cdot 10^3$

In Tabelle 5 sind für einige Ferroelektrika die Umwandlungswärme ΔQ und die Umwandlungsentropie ΔS pro Mol angegeben. Wie man daraus ersieht, kann man die Ferroelektrika bezüglich des Wertes von S in zwei Gruppen einteilen. Für Phasenumwandlungen vom Ordnungs-Unordnungstyp erwartet man $\Delta S = R \ln 3/2 = 3{,}4 \cdot 10^3$ J/kMol K. Deshalb wird man vermuten, daß Phasenumwandlungen, bei denen — unabhängig von der

Curietemperatur — ΔS in der Größenordnung $4 \cdot 10^3$ J/kMol K liegt, mit der Ordnung von Dipolen verknüpft ist. In Kristallen vom Typ ABO_3 ist die Umwandlungsentropie etwa um eine Größenordnung kleiner. In diesen Verbindungen ist die spontane Polarisation auf die Verschiebung von Untergittern zurückzuführen, und die Umwandlungsentropie hängt mit den Gitterschwingungen zusammen (s. Kap. 5.).

4.5.2. Pyroelektrischer und elektrokalorischer Effekt

Weil bei den Ferroelektrika die spontane Polarisation in der Nähe des Curiepunktes stark von der Temperatur abhängt, sind sie stark pyroelektrisch. Theoretisch wird der pyroelektrische Koeffizient, wie man ihn aus Gl. (2.2.3) berechnet:

$$\gamma = \frac{\mathrm{d}P^{\mathrm{s}}}{\mathrm{d}T} = -\left(\frac{A}{8B}\right)^{1/2} (T^{\mathrm{c}} - T)^{-1/2}, \tag{4.5.6}$$

am Curiepunkt unendlich groß. Wie man mit Hilfe der Thermodynamik (Gl. (2.1.5c)) zeigen kann, gibt es zum pyroelektrischen einen umgekehrten, den elektrokalorischen Effekt. Dieser ist gekennzeichnet durch eine Entropieänderung als Folge einer Änderung der elektrischen Feldstärke:

$$\frac{\partial P_m}{\partial T} = \frac{\partial S}{\partial E_m} = \gamma_m . \tag{4.5.7}$$

Führen wir die Feldstärkeänderung adiabatisch durch ($\mathrm{d}S = 0$), so erleidet der Kristall eine Temperaturänderung. Wegen

$$\mathrm{d}S(T, E_m) = \frac{\partial S}{\partial T}\mathrm{d}T + \frac{\partial S}{\partial E_m}\mathrm{d}E_m = 0$$

ist wegen (4.5.7)

$$\mathrm{d}T = -\frac{\partial S/\partial E_m}{\partial S/\partial T}\,\mathrm{d}E_m = \frac{-T}{\varrho c^E}\,\gamma_m \mathrm{d}E\,, \qquad (4.5.8)$$

weil, pro Volumeneinheit gerechnet, $\partial S/\partial T = \dfrac{\varrho c^E}{T}$ ist.

Wenn wir anstatt E_m und T die Größen P_m und T als unabhängige Variable verwenden, gilt

$$\mathrm{d}T = \frac{T}{\varrho c^E}\left(\frac{\partial E}{\partial T}\right)\mathrm{d}P\,, \qquad (4.5.9)$$

wobei ϱc^P die spezifische Wärmekapazität bei konstanter Polarisation bedeutet. Ihre Beziehung zu ϱc^E finden wir folgendermaßen:

$$c^P = T\left(\frac{\mathrm{d}S(T,E)}{\mathrm{d}T}\right)_P = T\left\{\frac{\partial S}{\partial T} + \frac{\partial S}{\partial E}\left(\frac{\mathrm{d}E}{\mathrm{d}T}\right)_P\right\}$$

$$= c^E + T\,\frac{\partial P}{\partial T}\left(\frac{\mathrm{d}E}{\mathrm{d}T}\right)_P,$$

wenn wir Gl. (4.5.7) berücksichtigen. Die Bedingung $P(E, T) = \text{const}$ bedeutet

$$\mathrm{d}P(E,T) = \frac{\partial P}{\partial E}\,\mathrm{d}E + \frac{\partial P}{\partial T}\,\mathrm{d}T = 0\,.$$

Daraus folgt

$$\left(\frac{\mathrm{d}E}{\mathrm{d}T}\right)_P = -\frac{\partial P/\partial T}{\partial P/\partial E}\,.$$

Damit finden wir

$$c^E - c^P = T\,\frac{(\partial P/\partial T)^2}{\partial P/\partial E}\,. \qquad (4.5.10)$$

Mit der elektrischen Zustandsgleichung für Ferroelektrika (2.2.4) für $E(P, T)$ erhalten wir aus Gl. (4.5.9)

$$\mathrm{d}T = \frac{2ATP}{\varrho c^P}\,\mathrm{d}P\,. \qquad (4.5.11)$$

Unterhalb des Curiepunktes wird durch Anlegen eines elektrischen Feldes an einen Eindomänenkristall die Polarisation von P^s auf $P > P^s$ erhöht. Integrieren wir (4.5.11) zwischen diesen Grenzen, so ergibt sich

$$\Delta T = \frac{AT}{\varrho c^P} (P^2 - (P^s)^2). \tag{4.5.12}$$

In der paraelektrischen Phase, wo $P^s = 0$ ist, gilt entsprechend

$$\Delta T = \frac{AT}{c^P} P^2. \tag{4.5.13}$$

Wie Abb. 72 zeigt, sind diese beiden Beziehungen für TSG sehr gut erfüllt [95]. Durch die Bestimmung der adiabatischen Temperaturänderung eines polaren Kri-

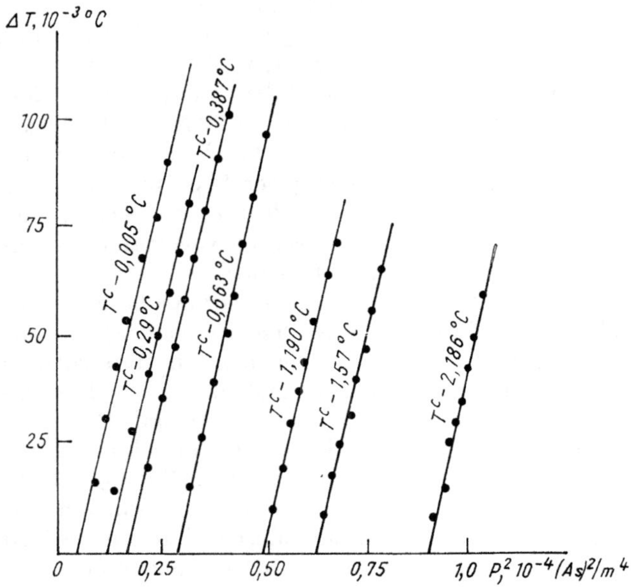

Abb. 72. Abhängigkeit der adiabatischen Temperaturänderung vom Quadrat der Polarisation bei TGS

stalls kann man sehr genau seine spontane Polarisation messen: Extrapoliert man die lineare Gleichung $\Delta T(P^2)$ auf $\Delta T = 0$, so liefert der Schnittpunkt $P^2 = (P^s)^2$. Oberhalb des Curiepunktes gehen die entsprechenden Geraden durch den Koordinatenursprung.

5. Zur Natur der spontanen Polarisation

5.1. Ferroelektrika vom Sauerstoffoktaeder-Typ

5.1.1. Perowskitstruktur

Zu dieser Gruppe gehören die oxidischen Ferroelektrika, die aus zwei Metalloxiden bestehen, wie z. B. $BaTiO_3$ ($BaO \cdot TiO_2$), $Cd_2Nb_2O_7$ ($2CdO \cdot Nb_2O_5$) und $PbTa_2O_6$ ($PbO \cdot Ta_2O_5$). Die Mehrzahl von ihnen ist wasserunlöslich. Die Einkristalle werden aus dem Schmelzfluß gezüchtet. Sie alle enthalten Übergangsmetalle (Ti, Nb, Ta, W, V, Zr usw.). Viele dieser Ferroelektrika vom Sauerstoff-Oktaeder-Typ sind vielachsig und besitzen mehrere polare Phasen, die sich in der Richtung der spontanen Polarisation voneinander unterscheiden (z. B. $BaTiO_3$, $KNbO_3$ usw.).

Die meisten Ferroelektrika dieser Gruppe besitzen eine Struktur vom Typ des Perowskits, Pyrochlors, Ilmenits oder Rheniumtrioxids. Die am meisten untersuchten Verbindungen besitzen Perowskitstruktur. Die Bezeichnung stammt von dem kubischen Mineral Perowskit ($CaTiO_3$). Die allgemeine chemische Formel ist ABO_3, wobei A ein ein-, zwei- oder dreiwertiges, B entsprechend ein fünf-, vier- oder dreiwertiges Element bedeutet. Sie sind alle kubisch bzw. pseudokubisch, d. h. sie besitzen eine ideale oder etwas verzerrte würfelförmige Elementarzelle. Sie ist in Abb. 73 schematisch unter zwei verschiedenen Gesichtspunkten dargestellt. Im ersten Falle

(a) befinden sich in den Ecken der Elementarzelle A-Ionen, während ein B-Ion das Zentrum besetzt. Es ist von Sauerstoffionen umgeben, welche die Mitten der Würfelflächen einnehmen und ein Oktaeder um B bilden. Die Perowskitstruktur stellt ein Netz von Sauerstoff-

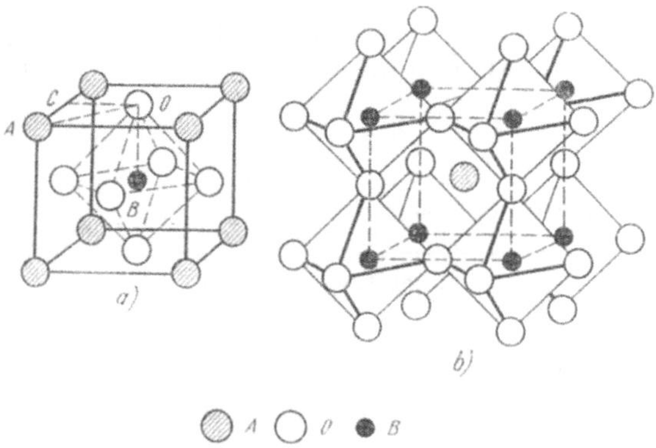

Abb. 73. Perowskitstruktur ABO_3 in zwei verschiedenen Darstellungen

oktaedern dar, die in ihren Ecken miteinander zusammenhängen und in deren Zentren sich die B-Ionen befinden. Die freien Plätze in diesem Netz werden von den A-Ionen eingenommen (Abb. 73b).

Wenn wir annehmen, daß die Ionen in der kubischen Perowskitstruktur dicht gepackt sind, muß, wie man aus dem rechtwinkligen Dreieck erkennt, für die Ionenradien R die Bedingung

$$\mathrm{AO} = \sqrt{2}\,\mathrm{OC}; \quad \mathrm{AO} = R_\mathrm{A} + R_\mathrm{O}; \quad \mathrm{OB} = R_\mathrm{O} + R_\mathrm{B}$$

erfüllt sein. Zur Kennzeichnung der Stabilität der Perowskitstruktur führt man den „Toleranzfaktor“ t ein:

$$R_\mathrm{A} + R_\mathrm{O} = t\sqrt{2}(R_\mathrm{O} + R_\mathrm{B}).$$

Dabei entspricht $t = 1$ der ideal dichten Packung. Wenn $t > 1$ ist, so ist der Abstand OB größer als $R_O + R_B$, und das B-Ion kann sich innerhalb des O-Oktaeders verschieben. Bei $t < 1$ gilt entsprechendes für das A-Ion. In Tabelle 6 sind die Toleranzfaktoren für einige Verbindungen vom Perowskittyp angegeben [23]. Die meisten von ihnen sind kubisch mit einer Gitterkonstanten von etwa 4 AE, wobei die Elementarzelle eine ABO_3-Formeleinheit enthält und $0{,}9 < t < 1{,}05$ ist. Derartige

Tabelle 6

Toleranzfaktoren einiger Perowskite

Verbindung	Toleranzfaktor t	Verbindung	Toleranzfaktor t
$CaTiO_3$	0,89	$CaSnO_3$	0,85
$SrTiO_3$	0,97	$SrSnO_3$	0,92
$BaTiO_3$	1,02	$BaSnO_3$	0,97
$PbTiO_3$	0,98	$CaZrO_3$	0,84
$CdTiO_3$	0,88	$BaZrO_3$	0,96

Strukturen besitzen die Hochtemperaturphasen von $BaTiO_3$, $KNbO_3$, $PbTaO_3$, $PbTiO_3$ und andere. In der polaren Phase sind diese Verbindungen pseudokubisch, ihr Gitter ist etwas verzerrt, indem die Atome etwas aus ihrer hochsymmetrischen Lage verschoben sind.

Bei Bariumtitanat ist $t = 1{,}02$, d. h. das Ti-Ion hat die Möglichkeit, sich innerhalb des Sauerstoffoktaeders zu verschieben. Das kann zum Auftreten einer spontanen Polarisation führen, wie es anhand des vereinfachten Modells in Abschn. 1.2.2 (Abb. 6) gezeigt wurde. Allerdings kommt man mit einer derartigen Behandlung der spontanen Polarisation, die lediglich auf Beziehungen zwischen geometrischen Abmessungen beruht, nicht aus. Bei dieser Frage muß man auch andere Faktoren, vor allem die Polarisierbarkeit und den Charakter der chemischen Bindung berücksichtigen.

5.1.2. *Pyrochlor- und Wolframbronzestruktur*

Eine Reihe von Ferroelektrika und deren feste Lösungen, die ebenfalls Sauerstoffoktaeder enthalten, besitzen Pyrochlorstruktur. Diese ist nach dem Mineral Pyrochlor ($CaNaNb_2O_6F$) bezeichnet. Die allgemeine

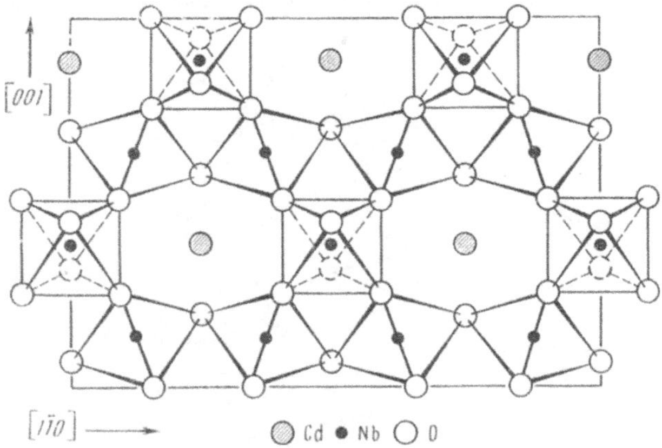

Abb. 74. Projektion der Struktur des Cadmiumpyroniobats auf die (110)-Ebene (die Cd-Ionen, die sich mit den Nb-Ionen in den Punkten (1/8; 2/8) usw. überdecken, sowie die O-Ionen, die sich nicht in den NbO_6-Oktaedern befinden, sind nicht gezeigt)

chemische Formel ist $A_2B_2O_7$. Ein typischer Vertreter dieser Gruppe ist das Cadmiumpyroniobat ($Cd_2Nb_2O_7$) [96]. Die Struktur dieser Verbindung kann man aus ihrer Projektion auf die (110)-Ebene erkennen (Abb. 74). Das Cadmiumpyroniobat besteht aus einem Netz von etwas verzerrten NbO_6-Oktaedern, die in ihren Ecken miteinander verbunden sind. Die „siebenten" O-Ionen und die Cd-Ionen, die sich nicht in den Oktaedern befinden, nehmen die verbleibenden freien Plätze ein. Der Unterschied zur Perowskitstruktur besteht in der gegenseitigen

Orientierung der Sauerstoffoktaeder. Während in der Perowskitstruktur die O—B—O-Bindungen auf Geraden liegen, die sich längs einer vierzähligen Achse erstrecken, bilden im $Cd_2Nb_2O_7$-Gitter die O—Nb—O-Bindungen zickzackförmige Linien, die annähernd parallel [110] sind.

Ein anderes interessantes Ferroelektrikum vom Sauerstoffoktaeder-Typ ist das Bleimetaniobat ($PbNb_2O_6$) [97]. Diese Verbindung besitzt eine Struktur, die einigen

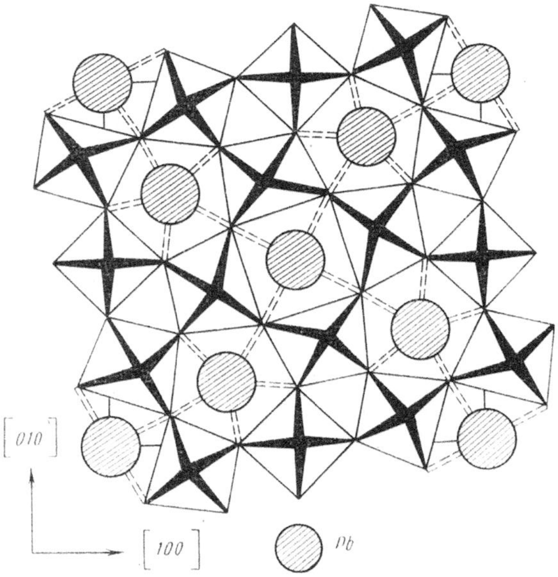

Abb. 75. Projektion der Struktur des Bleimetaniobats auf die (001)-Ebene

Wolframbronzen ähnlich ist. Abbildung 75 zeigt schematisch eine Projektion der $PbNb_2O_6$-Struktur. Auch hier handelt es sich um ein dreidimensionales Netz aus Sauerstoffoktaedern, und zwar aus NbO_6-Oktaedern, die so miteinander verbunden sind, daß fünf- und viergliedrige Ringe aufeinanderfolgen. Der Raum zwischen den Ringen bildet Kanäle, die sich parallel zueinander erstrecken und die Pb-Ionen enthalten.

Smolensky [98] und Matthias [99] haben kristallchemische Bedingungen formuliert, denen Ferroelektrika vom Sauerstoffoktaeder-Typ genügen müssen: Innerhalb der Sauerstoffoktaeder befinden sich genügend kleine Atome, die nach Abgabe der *s*- und *d*-Elektronen Edelgaskonfiguration besitzen. Deshalb darf die vorletzte Schale dieser Atome nicht voll besetzt sein. Weiterhin wird vorausgesetzt, daß die Bindung mit den Sauerstoffionen nicht rein ionisch, sondern gemischt ist. Eine solche Bindung bewirkt keine allzu große Rückstellkraft, andererseits aber eine ausreichende Anharmonizität (s. Abschn. 1.2.2).

5.1.3. Strukturänderung am Curiepunkt

Beim Bariumtitanat ist die Strukturänderung in der ferroelektrischen Phase näher untersucht worden. Oberhalb des Curiepunktes besitzt es kubische Perowskitstruktur (Abb. 73), seine Raumgruppe ist Pm3m, die Gitterkonstante bei 150 °C 4,01 AE. Alle Atome befinden sich in speziellen Lagen:

$$\text{Ba}: (0, 0, 0);\ \text{Ti}: ({}^1/_2, {}^1/_2, {}^1/_2);$$

$$\text{O}: ({}^1/_2, {}^1/_2, 0);\ ({}^1/_2, 0, {}^1/_2);\ (0, {}^1/_2, {}^1/_2).$$

Eine derartige Struktur besitzt keine Dipolmomente.

Unterhalb des Curiepunktes ist $BaTiO_3$ tetragonal mit den Gitterparametern $a = 3{,}99$ AE, $c = 4{,}036$ AE, seine Raumgruppe ist P4mm. In dieser pseudokubischen Struktur sind alle Ionen etwas aus ihren Lagen, die sie in der kubischen Phase einnehmen, in Richtung der *c*-Achse verschoben. Beläßt man den Koordinatenursprung am Ort der Bariumionen, sind die Koordinaten der anderen:

$$\text{Ba}: (0, 0, 0); \ \text{Ti}: (1/2, 1/2, 1/2 + \delta z_{\text{Ti}});$$

$$\text{O}_\text{I}: \ (1/2, 1/2, \delta z_{\text{O}_\text{I}}); \quad \text{O}_\text{II}: \ (1/2, 0, 1/2 + \delta z_{\text{O}_\text{II}});$$

$$(0, 1/2, 1/2 + \delta z_{\text{O}_\text{II}}).$$

Die Bestimmung der Ionenverschiebungen ist röntgenographisch nicht möglich, weil das Streuvermögen der schweren Ba-Ionen um so viel größer ist als das der

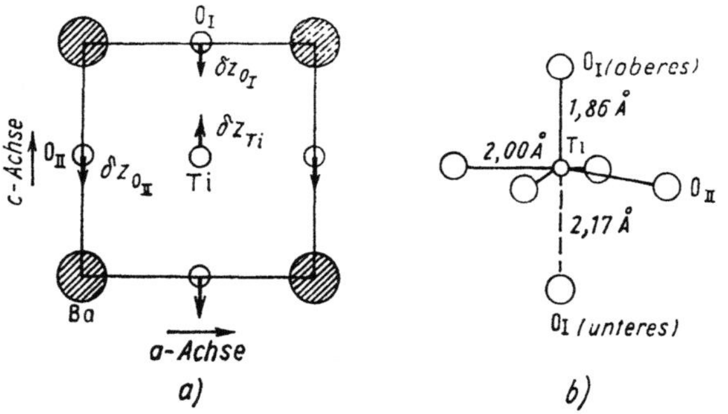

Abb. 76. Struktur des tetragonalen $BaTiO_3$ a) Projektion auf die (010-Ebene, b) TiO_6-Oktaeder

leichten O-Ionen, daß sich die δz nicht eindeutig bestimmen lassen [100]. Das war erst mit Hilfe der Neutronographie möglich:

$$\delta z_{\text{Ti}} = +0{,}05 \text{ AE}; \ \delta z_{\text{O}_\text{I}} = -0{,}09 \text{ AE}; \ \delta z_{\text{O}_\text{II}} = -0{,}05 \text{ AE}.$$

Diese Ionenverschiebungen sind in Abb. 76a gezeigt Die spontane Polarisation ist vor allem der Verschiebung der Ti-Ionen im Sauerstoffoktaeder zuzuschreiben (Abb. 76b). Wählt man für den Koordinatenursprung die Lage der O_{II}-Ionen, so sieht man, daß die Ti- und die Ba-Ionen in dieselbe Richtung verschoben werden, nämlich um 0,1 bzw. 0,05 AE, während die O_I-Ionen in entgegengesetzter Richtung verrückt sind. Daraus geht hervor, daß die Sauerstoffoktaeder etwas verzerrt sind.

Kennt man die Lage aller Ionen, so kann man die Beträge und Richtungen der elektronischen und atomaren elektrischen Momente berechnen, indem man die gut ausgearbeitete Methode zur Berechnung innerer Felder verwendet, wie sie kurz im Abschn. 1.1.1 dargelegt wurde. Nimmt man an, daß der Ionisierungsgrad aller Strukturelemente gleich 0,5 ist, liefert eine derartige Rechnung die in Tabelle 7 angegebenen Resultate. Das größte

Tabelle 7

Lokale elektrische Feldstärke E am Ort der Ionen des Bariumtitanats sowie deren elektronische Dipolmomente

Ion	p^{el} 10^{-3} Asm	E 10^{10} V/m
Ba	0,085	0,04
Ti	1,063	4,84
O_I	9,66	3,66
O_{II}	1,45	0,55

Tabelle 8

Prozentualer Beitrag der elektronischen und atomaren Dipolmomente der Ionen des Bariumtitanats zu dessen spontaner Polarisation P^s

Ion	p^{el} %	p^{at} %	Beitrag zu P^s (%)
Ba	0,5	0	0,5
Ti	5,3	10,1	15,4
O_I	51,1	7,6	58,7
O_{II}	14,2	10,1	25,4

elektronische Dipolmoment besitzen die O_I. Auf diese und auf die Ti-Ionen wirken die stärksten inneren Felder. Aus Tabelle 8 ist zu ersehen, welchen Beitrag die verschiedenen Ionen zur spontanen Polarisation liefern. Hierfür wurde ein Betrag von $29 \cdot 10^{-2}$ As/m² berechnet, der recht gut mit dem gemessenen von $26 \cdot 10^{-2}$ As/m² übereinstimmt. Aus Tab. 8 erkennt man weiterhin, daß den größten Beitrag zur spontanen Polarisation die Ti-, O_I- und O_{II}-Ionen liefern, wobei der elektronische Anteil 71,1% ausmacht. – Obwohl die verwendete Berechnungsmethode nur für einfache Ionenkristalle brauchbar ist und für so komplizierte Verbindungen wie das $BaTiO_3$ nicht streng gilt, können die Resultate als gute Näherung angesehen werden, welche ein qualitativ richtiges Bild von der Ladungsverteilung im Kristallgitter liefert.

5.1.4. Modelltheorien

Wir kommen jetzt zur Frage nach der Ursache der Strukturänderungen und damit des Auftretens der spontanen Polarisation am Cyriepunkt.

MEGAW [102] und BELJAJEV [103] sehen die Ursache für die Strukturänderung und das Auftreten der spontanen Polarisation in einer Veränderung des Ionisierungsgrades der Ti—O-Bindung.

MASON und MATTHIAS [11, 18] gehen in ihrem Modell von der Annahme aus, daß das B-Atom sowohl oberhalb als auch unterhalb des Curiepunktes sechs Gleichgewichtslagen im Sauerstoffoktaeder besitzt, die lokalen Minima der potentiellen Energie entsprechen. Somit fallen die Gleichgewichtslagen des B-Ions nicht mit dem Mittelpunkt des Sauerstoffoktaeders zusammen. Jedoch sorgt die Wärmebewegung dafür, daß die mittlere Lage der B-Ionen dem Zentrum entspricht. Unterhalb des Curiepunktes reicht die Wärmeenergie hierfür nicht mehr aus, das B-Ion „friert" in einem der Potentialminima ein. Man nimmt nun an, daß ohne äußeres Feld allen Minima dieselbe potentielle Energie entspricht, die wir gleich Null setzen können. Bei Anlegen eines Feldes E in Richtung der z-Achse ändert sich das innere Feld E^i und es entsteht eine Polarisation. Für E^{i} setzen MASON und MATTHIAS an:

$$E^{\mathrm{i}} = E + \frac{1}{3\varepsilon_0} P^{\mathrm{el}} + \beta P^{\mathrm{dip}}. \tag{5.1.1}$$

Der Koeffizient β kann in diesem Falle einen Wert besitzen, der sich sehr wesentlich von dem für kubische Kristalle unterscheidet (s. Abschn. 1.1.4). Für die Elektronenpolarisation wird angesetzt:

$$P^{\mathrm{el}} = \alpha E^{\mathrm{i}}, \tag{5.1.2}$$

wobei α die Elektronenpolarisierbarkeit pro Volumeneinheit bedeutet. Damit erhält man

$$E^{\mathrm{i}} = E + \frac{1}{3\varepsilon_0} \alpha E^{\mathrm{i}} + \beta P^{\mathrm{dip}}$$

oder

$$E^{\mathrm{i}} = \frac{E + \beta P^{\mathrm{dip}}}{1 - \alpha/3\varepsilon_0}.$$

Für das Dipolmoment, das allein auf die Verschiebung des Ti-Ions zurückzuführen ist, ergibt sich

$$p = 4q^{\mathrm{e}}\delta,$$

($4q^{\mathrm{e}}$ ist die Ladung des Ti-Ions, δ sein Abstand vom Zentrum der Elementarzelle). Durch das innere Feld wird das Niveau zweier Potentialminima verändert um

$$U_1 = -E^{\mathrm{i}} p = -\left(\frac{E + \beta P^{\mathrm{dip}}}{1 - \alpha/3\varepsilon_0}\right) p, \quad U_2 = -U_1. \tag{5.1.3}$$

Die Potentiale der übrigen vier Minima bleiben unverändert:

$$U_3 = U_4 = U_5 = U_6 = 0.$$

Im Gleichgewicht ist die Zahl der Ionen in den verschiedenen Potentialminima, bezogen auf die Volumeneinheit, entsprechend der BOLTZMANN-Verteilung:

$$n_1 = n_5 \exp\{-E^i p/kT\}, \; n_2 = n_5 \exp\{E^i p/kT\}, \qquad (5.1.4)$$

$$n_3 = n_4 = n_5 = n_6 .$$

Außerdem ist natürlich die Gesamtzahl der Ti-Ionen pro Volumeneinheit konstant:

$$n_1 + n_2 + n_3 + n_4 + n_5 + n_6 = n .$$

Aus (5.1.3 und 4) erhalten wir

$$n_1 = \frac{n \exp\{E^i p/kT\}}{2(2 + \cosh E^i p/kT)}, \quad n_2 = \frac{n \exp\{-E^i p/kT\}}{2(2 + \cosh E^i p/kT)} .$$

Daraus folgt für die Polarisation:

$$P = (n_1 - n_2) p = \frac{np \sinh E^i p/kT}{2 + \cosh E^i p/kT} . \qquad (5.1.5)$$

Hieraus können wir die spontane Polarisation, das Koerzitivfeld, die DK usw. berechnen. Man erhält P^s, wenn man in dem in Gl. (5.1.5) enthaltenen E^i das äußere Feld E gleich Null setzt. Es ergeben sich von Null verschiedene Werte für P^s, wenn das Argument der Hyperbelfunktionen in (5.1.5) größer oder gleich 3 ist. Allerdings fällt die so bestimmte spontane Polarisation mit steigender Temperatur langsamer ab als tatsächlich beobachtet wird.

Die Mängel dieser Theorie zeigen sich insbesondere darin, daß man einen sehr kleinen Wert für β ($\beta = 0{,}142$) einsetzen muß, um die bekannte, relativ große CURIE-WEISS-Konstante zu erhalten. Physikalisch erscheint das ungerechtfertigt. Weiterhin folgt aus der Annahme, daß es für die Dipole sechs Einstellmöglichkeiten gibt, daß die Entropieänderung pro Elementarzelle gleich $k \ln 6$, pro Volumeneinheit $1{,}5 \cdot 10^4$ J/kMol K betragen sollte.

Das steht im Widerspruch zu dem experimentell bestimmten Wert $5 \cdot 10^2$ J/kMol K.

Die Ergebnisse neuerer röntgenographischer Untersuchungen weisen auf eine Möglichkeit zur Beseitigung dieser Widersprüche hin. Die diffuse Röntgenstreuung durch einen paraelektrischen Bariumtitanatkristall läßt sich unter der Annahme verstehen, daß die Verschiebungen der Ti-Ionen nicht vollkommen statistisch verteilt sind, sondern daß sie in Ketten von etwa 15 Elementarzellen korreliert sind [104]. Berechnet man die Umwandlungsentropie für die ferroelektrische Phasenumwandlung unter der Voraussetzung, daß es sich hier um eine Ordnung dieser Ketten handelt, so ergibt sich die experimentell gefundene Größenordnung. Und auch für die Curiekonstante findet man so einen vernünftigen Wert.

Eine der wichtigsten mikroskopischen Theorien des Bariumtitanats ist die von Devonshire [17] und Slater [105]. Diese Autoren berechnen die freie Energie des Kristalls unter der Annahme, daß nur die ionische Polarisierbarkeit der anharmonisch gebundenen Ti-Ionen von Null verschieden ist. Für die potentielle Energie eines Ti-Ions wird der Ansatz gemacht:

$$U = \varphi(\mathrm{x}, \mathrm{y}, \mathrm{z}) - q^* E^i \boldsymbol{r}. \tag{5.1.7}$$

Darin bedeutet

$$\varphi(x, \gamma, z) = a(x^2 + y^2 + z^2) + b_1(x^4 + y^4 + z^4) + 2b_2(x^2y^2 + y^2z^2 + z^2x^2) \tag{5.1.7a}$$

die potentielle Energie des elastisch anharmonisch gebundenen Ti-Ions. Weiterhin sind q^* die Ladung, $\boldsymbol{r}$ der Radiusvektor des Ti-Ions mit den Komponenten x, y, z und E_i das innere Feld, das durch die übrigen Ionen des Kristalls erzeugt wird.

Mit diesen Voraussetzungen und unter Berücksichtigung der Elektronenpolarisierbarkeit sämtlicher Ionen sowie der LORENTZ-Faktoren wird ein Ausdruck für die freie Energie gefunden, der sich unmittelbar mit dem der phänomenologischen Theorie (Gl. (2.3.1)) vergleichen läßt. Somit ist man in der Lage, die makroskopisch meßbaren Entwicklungskoeffizienten durch die LORENTZ-Faktoren, die effektive Ladung des Ti-Ions und die Elektronenpolarisierbarkeiten der einzelnen Gitterbausteine sowie durch die Größen a, b_1 und b_2 für den Potentialansatz (5.1.7a) ausdrücken zu können.

Schließlich soll noch auf die elektronische Theorie von JAYNES und WIGNER eingegangen werden [106]. Diese stellt den ersten Versuch dar, die ferroelektrischen Eigenschaften des Bariumtitanats auf seine elektronische Struktur zurückzuführen. Dabei wurden die Elektronenzustände des Sauerstoffoktaeders als Ganzes betrachtet, und nicht nur die elektronischen Polarisierbarkeiten der einzelnen Ionen getrennt. Weil die Sauerstoffoktaeder zentrosymmetrisch sind, werden ihre Elektronenzustände bei Fehlen eines äußeren Feldes mit keinem Dipolmoment verbunden sein. Durch die Wechselwirkung zwischen Oktaedern mit annähernd gleichen Zuständen jedoch, die sich durch ein inneres Feld beschreiben läßt, werden die Wellenfunktionen der ursprünglichen Zustände verzerrt, was das Auftreten von Dipolmomenten zur Folge hat.

Obwohl die Resultate dieser Theorie beträchtliche Widersprüche zur Erfahrung aufweisen, besitzt sie eine gewisse Bedeutung als der erste Versuch, die Quantenmechanik zur Beschreibung der Ferroelektrizität heranzuziehen.

5.2. Ferroelektrika mit Wasserstoffbindungen

5.2.1. Die Wasserstoffbindung

Die Ferroelektrika mit Wasserstoffbindung bilden eine recht zahlreiche Gruppe. Typische Beispiele sind Seignettesalz, TGS und KDP. In der Regel sind die Kristalle dieser Gruppe gut in Wasser löslich und relativ leicht aus der Lösung zu züchten. Sie besitzen alle eine sehr komplizierte Struktur, die in vielen Fällen noch nicht vollständig bekannt ist. Oft sind nur die paraelektrischen Phasen untersucht worden, weil die Curiepunkte z. T. bei sehr tiefen Temperaturen liegen, so daß die Untersuchung in der polaren Phase erhebliche experimentelle Schwierigkeiten bereitet. Nur wenige neutronographische Strukturbestimmungen, welche Auskunft über die Lage der Wasserstoff- und anderer leichter Atome geben, wurden durchgeführt. Doch zunächst einige Merkmale der Wasserstoffbindung, auf die eine Reihe besonderer Erscheinungen zurückzuführen ist, wie z. B. Assoziation, anormale Löslichkeit und spezielle Spektren. Da das H-Atom nur ein Elektron besitzt, sollte es nur eine kovalente Bindung mit einem anderen Atom eingehen. In einer Wasserstoffbindung (Wasserstoffbrücke) ist jedoch das H-Atom ziemlich fest an zwei andere, stark elektronegative Atome gebunden, wie z. B. F, O und N. Man nimmt an, daß die eine Bindung stark ionischen Charakter besitzt, so daß das H-Atom sein Elektron abgibt. Da das positive Proton sehr klein ist, läßt es nur noch eine Bindung zu. Man bezeichnet die Wasserstoffbindung zwischen zwei Atomen A und B durch A-H ... B. Unter gewissen Bedingungen gibt es für das Proton zwischen den beiden anderen Atomen zwei Potentialminima, die durch einen Potentialwall voneinander getrennt sind. Wenn derartige Wasserstoffbindungen die überragende Rolle bei der grundlegenden ferroelektrischen Eigenschaft, der Umkehrbarkeit der spontanen Polarisation unter der Einwirkung eines äußeren Feldes, spielen soll, so muß das Proton durch dieses von dem einen Potentialminimum in das andere hinübergeführt werden können. Außerdem muß die Potentialfunktion symmetrisch sein, weil dieser Übergang nicht mit einer Strukturänderung verbunden sein soll. Das ist aber nur dann der Fall, wenn die Wasserstoffbrücke zwei gleiche Atome ($A = B$) bindet.

Unter diesen Bedingungen gibt es nun zwei Möglichkeiten für Beteiligung der Wasserstoffbindungen am Umpolungsprozeß. Wenn der Abstand der Potentialminima mit δ bezeichnet wird, so ist das Dipolmoment der Wasserstoffbindung gleich $\pm 2q^e\delta$. Ist die spontane Polarisation des ferroelektrischen Kristalls gleich der Summe dieser Momente pro Volumeneinheit — in diesem Falle müßten die Winkel zwischen ihnen und der ferroelektrischen Richtung klein sein —, so wird der Umpolungsprozeß einfach im Übergang des Protons von einer Potentialmulde zur andern, symmetrisch dazu gelegenen, und dem damit verbundenen Vorzeichenwechsel des Dipolmomentes bestehen. Dieser Mechanismus wurde von MASON für das Seignettesalz vorgeschlagen [11]. Es kann aber auch der Fall vorliegen, daß P^s aus den Dipolmomenten anderer Strukturelemente ohne Beteiligung der Wasserstoffbrücken gebildet wird, wenn diese nämlich etwa senkrecht zur polaren Achse orientiert sind. Hier kann der Übergang der Protonen in die anderen Potentialminima zu einer Neuverteilung der inneren Felder und dadurch zu einer Vorzeichenumkehr der übrigen Dipolmomente führen. Dieser Mechanismus wurde von SLATER für KDP vorgeschlagen [14]. Wie wir noch sehen werden, zeigen die vorliegenden Strukturuntersuchungen, daß die Dipolmomente der Wasserstoffbindungen nicht unmittelbar zur spontanen Polarisation beitragen. Sie spielen die Rolle eines Auslösemechanismus, der die spontane Polarisation und die Umschaltung der anderen Dipole induziert.

5.2.2. *Die Wasserstoffbindungen des Kaliumdihydrogenphosphats (KDP)*

Das KDP (KH_2PO_4) ist der bekannteste Vertreter der Ferroelektrika mit Wasserstoffbindung. Bei Zimmertemperatur gehört es zum tetragonalen System und besitzt die Symmetrie $\bar{4}2m$. Seine Raumgruppe ist

$I\bar{4}2d$, die Gitterparameter sind $a = 7{,}453$ AE, $c = 6{,}959$ AE [23]. Die Struktur zeigt Abb. 77. Man kann sie sich aus K^+-Ionen und $(PO_4)^{3-}$-Tetraedern aufgebaut denken. In Richtung der c-Achse wechseln sich K- und P-Atome im Abstand $c/2$ miteinander ab. Jede PO_4-Gruppe ist mit vier anderen PO_4-Gruppen verbunden, die in c-Richtung den Abstand $c/4$ besitzen, wobei sich

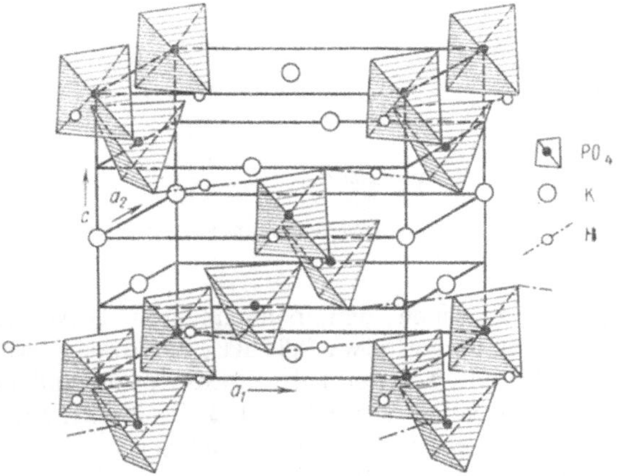

Abb. 77. Struktur des KDP (die Wasserstoffbindungen sind gestrichelt eingezeichnet)

zwischen je einem „oberen" Sauerstoff einer PO_4-Gruppe und einem „unteren" O eines benachbarten PO_4-Tetraeders eine Wasserstoffbindung befindet. Abbildung 78a zeigt schematisch ein PO_4-Tetraeder mit seinen Bindungen, die nahezu in der (001)-Ebene liegen. (Sie bilden mit dieser einen Winkel von 0,5°.) Die Länge der O-H ⋯ O-Bindung beträgt in der paraelektrischen Phase 2,48 AE. Beim Übergang in die polare Phase ändert sie sich praktisch nicht.

Über die Lage der Protonen in den Wasserstoffbindungen lassen die neutronographischen Ergebnisse, die oberhalb $T^c = -151\,°C$ eine in Richtung der O-H···O-Bindung etwas verlängerte Dichteverteilung ergeben, folgende zwei Aussagen zu: Entweder führen die H-Atome starke, anisotrope Schwingungen in Richtung der Wasserstoffbrücke aus, oder sie besitzen jeweils zwei Gleich-

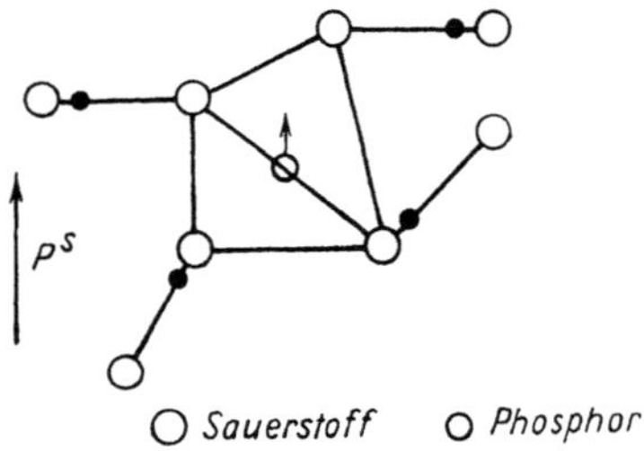

Abb. 78. System der Wasserstoffbindungen an einem PO_4-Tetraeder des KDP

gewichtslagen zwischen den benachbarten O-Atomen mit einem Abstand von etwa 0,35 AE, auf die sie statistisch verteilt sind. Aus der Infrarotabsorption und der Raman-Streuung ist zu schließen, daß die zweite Interpretation die größere Wahrscheinlichkeit besitzt.

Unterhalb des Umwandlungspunktes sind die Protonen aus den Zentren der Wasserstoffbindungen um etwa 0,2 AE verschoben und so geordnet, daß sie sich innerhalb einer Domäne — je nach ihrer Polarität — entweder alle näher bei der „oberen" oder näher beiden „unteren" Sauerstoffatomen befinden. Das ist aus Abb. 79 gut zu erkennen, wo die Dichte der Wasserstoffatome auf die (001)-Ebene projiziert ist [108]. Die Umpolung, z. B. durch ein elektrisches Feld, bewirkt eine Verschiebung aller H-Atome längs der O-H···O-Bindung von dem einen Ordnungszustand in den anderen.

Weil diese Verschiebung der Protonen annähernd innerhalb der Ebene senkrecht zur ferroelektrischen Richtung erfolgt, liefern die Dipolmomente der Wasserstoffbrücken keinen Beitrag zur spontanen Polarisation.

Deshalb ist anzunehmen, daß hierfür andere Dipolmomente verantwortlich sind, die durch die Protonenverschiebung induziert werden. Tatsächlich ist die Ordnung der Protonen mit einer merklichen Verschiebung

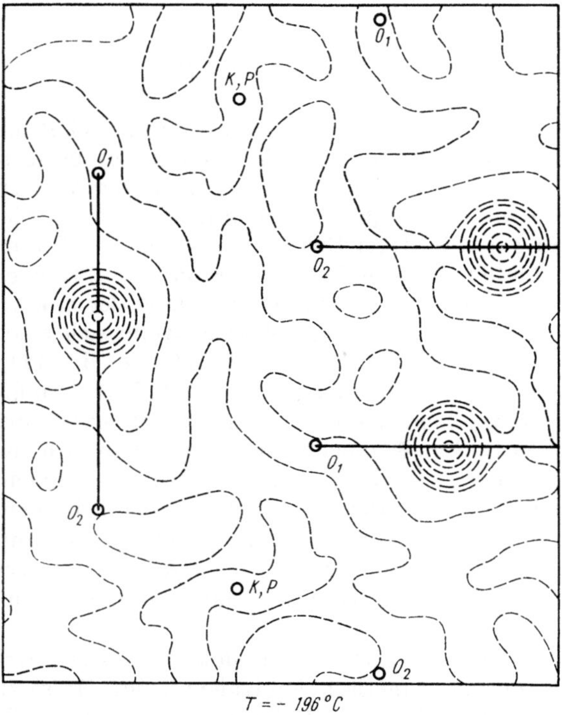

Abb. 79. Projektion des durch die Protonen bedingten Neutronenstreuvermögens des KDP auf die (001)-Ebene

anderer Atome verknüpft. Das betrifft insbesondere die Kalium- und Phosphoratome, die sich in entgegengesetzten Richtungen um −0,04 AE bzw. +0,08 AE entlang der ferroelektrischen c-Achse von den Sauerstoffatomen entfernen, in deren Nähe sich die Protonen befinden. Die Verrückung des P-Atoms in Richtung der spontanen Polarisation ist in Abb. 78 durch einen Pfeil angedeutet. Ihre Richtung weist also von den Sauerstoffionen, bei denen sich die Protonen befinden, zum Phosphorion.

5.2.3. Die Slatersche Theorie des KDP

Es lag nahe, die Phasenumwandlung beim KDP mit der Ordnung der Protonen in Verbindung zu bringen. Slater [14] nimmt an, daß die Verteilung der Wasserstoffatome auf die möglichen Lagen den folgenden Einschränkungen unterliegt: Erstens gibt es nur ein Proton in jeder Bindung, und zweitens gibt es nur zwei Protonen bei einer PO_4-Gruppe. Für die Befriedigung der zweiten Forderung gibt es sechs Möglichkeiten. Wenn sich beide Protonen bei den „oberen“ Sauerstoffatomen der PO_4-Gruppe befinden, wird die resultierende $(H_2PO_4)^-$-Gruppe als Dipol angesehen, der in die negative Richtung der c-Achse weist. Gerade umgekehrt ist es, wenn sich die Protonen in der Nähe der „unteren“ O-Atome befinden. Wenn sich schließlich das eine Proton näher bei einem oberen, das andere näher bei einem unteren O-Atom befindet, was auf vier verschiedene Arten realisiert werden kann, ist der $(H_2PO_4)^-$-Dipol senkrecht zur c-Achse orientiert.

Slater nimmt nun weiter an, daß die ersten zwei Konfigurationen energetisch äquivalent sind. Es setzt ihre Energie gleich Null. Auch die restlichen vier Konfigurationen sind einander äquivalent, jedoch unterscheidet sich ihre Energie um einen bestimmten Betrag von derjenigen der ersten beiden. Dieser Unterschied wird mit W_U bezeichnet. Es wird also angenommen, daß die Energie des Kristalls ohne äußeres Feld durch die Anzahl der Dipole gegeben ist, die senkrecht zur c-Achse orientiert sind. Wenn dagegen das Feld E parallel zur c-Achse vorhanden ist, verringert sich die

Energie um das Produkt aus E und dem elektrischen Moment des Kristalls, das sich aus den Momenten p der (H_2PO_4)-Gruppen ergibt. Pro Volumeneinheit ist also

$$U = n_0 W_U - (n_+ - n_-)\, pE\,, \qquad (5.2.1)$$

wobei n_0, n_+ und n_- die Anzahl der $(H_2PO_4)^-$-Dipole senkrecht, parallel bzw. antiparallel zur c-Achse pro Volumeneinheit bedeuten, wobei $n_0 + n_+ + n_- = n$ sein muß, n bedeutet die Gesamtzahl der Dipolmomente. SLATER hat nun eine Methode gefunden, mit der die Anzahl der Möglichkeiten für die Realisierung eines Zustandes n_+, n_-, n_0 berechnet werden kann. Daraus lassen sich dann weiterhin die Entropie und freie Energie sowie alle anderen thermodynamischen Größen ermitteln. So ergeben sich für die Curietemperatur

$$T^c = \frac{W_U}{k \cdot \ln 2}$$

und für die Suszeptibilität

$$\chi = \frac{\partial P}{\partial E} = \frac{np^2}{k \ln 2}\, \frac{1}{(T - T^c)},$$

d. h. das CURIE-WEISSsche Gesetz.

Bemerkenswert ist die Art der Phasenumwandlung, die sich nach dieser Theorie ergibt. Einerseits entspricht sie einer Umwandlung 1. Ordnung, weil sich die spontane Polarisation sprunghaft vom Wert der vollständig unpolaren Phase auf den der vollkommen polarisierten Phase ändert, und weil eine Umwandlungswärme damit verbunden ist. Andererseits entspricht diese Phasenumwandlung einer solchen zweiter Ordnung, weil jeder Wert zwischen $P^s = 0$ und $P^s = P^s_\infty$ stabil ist. Tatsächlich beobachtet man experimentell beim KDP einen Phasenübergang, der nicht plötzlich, sondern in einem endlichen Temperaturintervall erfolgt und mit einer charakteristischen, λ-förmigen Anomalie der spezifischen Wärmekapazität verbunden ist. Offenbar handelt es sich hierbei um eine Umwandlung in unmittelbarer Nähe eines kritischen Curiepunktes (s. Abschn. 2.2.5).

Die Theorie von SLATER bildet die Grundlage für die späteren, weiter verfeinerten Modelle des KDP, in denen der Übergang der Protonen zwischen den möglichen Gleichgewichtslagen der Wasserstoffbindungen als Tunneleffekt aufgefaßt wird, wobei zusätzlich eine Wechselwirkung aufgrund von Gitterschwingungen zu berücksichtigen ist.

5.2.4. Triglyzinsulfat (TGS)

Ein weiteres, sehr bekanntes Ferroelektrikum mit Wasserstoffbindung ist die Verbindung $(NH_2CH_2COOH)_3$ H_2SO_4, das Triglyzinsulfat. Es ist monoklin und besitzt in der paraelektrischen Phase die Punktsymmetrie 2/m (Raumgruppe $P2_1/m$), in der polaren Phase die Punktsymmetrie 2 (Raumgruppe $P2_1$). Die Gitterparameter sind: $a = 9{,}42$ AE, $b = 12{,}64$ AE, $c = 5{,}73$ AE, $\beta = 110°23'$. Die Elementarzelle enthält zwei Formeleinheiten.

Die Struktur des TGS setzt sich aus Glyzin-Molekülen und Sulfationen zusammen [109]. Zwischen diesen existiert offenbar ein kompliziertes System von Wasserstoffbindungen der Art O-H···O und N-H···O, weil die Gestalt der $[SO_4]^{2-}$-Ionen von der üblichen Tetraederform erheblich abweicht. Besonderes Interesse verdienen jedoch die Glyzinmoleküle (Abb. 80). In den meisten Verbindungen sind sie als (amphotere) Zwitterionen der Form $NH_3^+CH_2COO^-$ enthalten. Die Kohlenstoff- und Sauerstoffatome liegen in einer Ebene, das Stickstoffatom tritt etwas aus dieser heraus. Es ist jedoch auch eine andere Konfiguration möglich, bei der die C, O und das N alle in einer Ebene liegen. Im TGS kommen beide Formen vor. Eines der drei Glyzinmoleküle der

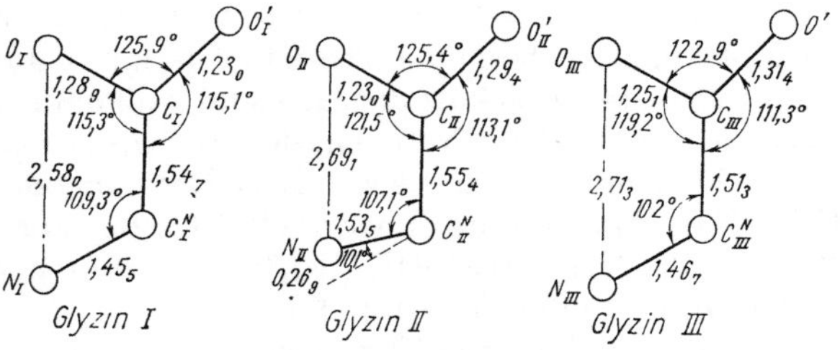

Abb. 80. Konfiguration der Glyzinmoleküle des TGS

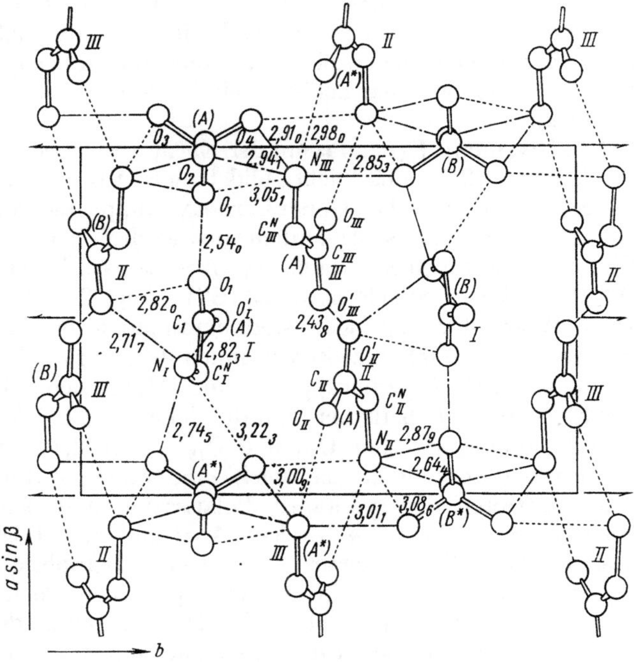

Abb. 81. Projektion der Wasserstoffbindungen des TGS auf die (001)-Ebene

in Abb. 81 mit A bezeichneten Formeleinheit, nämlich das Molekül II, ist teilweise eben, der Abstand des N von der Molekülebene beträgt 0,269 AE. Die mit I und III gekennzeichneten Moleküle dagegen sind vollkommen eben. Da sie die beiden Protonen der H_2SO_4-Gruppe enthalten, bezeichnet man sie als Glyziniumionen $NH_3^+CH_2COOH$. Man könnte daher das TGS in der Form $(NH_3^+CH_2COO) \cdot (NH_3^+CH_2COOH)_2SO_4^{2-}$ schreiben und Glyzin-Diglyziniumsulfat nennen [109].

Das System der Wasserstoffbrücken stellt man sich so vor, wie es in Abb. 81, die eine Projektion des TGS auf die (001)-Ebene darstellt, durch strichpunktierte Linien angegeben ist. Die punktierten Linien zeigen die kürzesten Abstände zwischen Strukturelementen. Atome unterhalb der Projektionsebene sind mit einem, oberhalb mit zwei Strichen gekennzeichnet. Atome, die zu benachbarten Elementarzellen gehören, sind mit einem Stern versehen.

Das Glyzinium I (A), das mit der Ebene $y = 1/4$ einen Winkel von 12,5° einschließt, bildet eine O-H···O-Bindung (2,54 AE) zwischen O_1 der Carboxylgruppe und dem O_1 (A) des Sulfations. Außerdem gibt es drei N-H···O-Bindungen zwischen N_1 (A) und O_{III} (A*) (Länge 2,74 AE), O_I'(A'') (Länge 2,82 AE) sowie O_{II}'(B'') (Länge 2,72 AE). Diese Wasserstoffbindungen sind pyramidenförmig angeordnet, die Winkel zwischen ihnen liegen zwischen 92° und 97°. Die Glyzingruppen II und III, die sich nahe der Ebene $\gamma = 1/2$ befinden, sind durch eine starke Wasserstoffbindung zwischen O_{III}' und O_{II}' (Länge 2,44 AE) miteinander verbunden. Sie spielt eine wichtige Rolle beim Auftreten der spontanen Polarisation und beim Umschalten, wobei eine gewisse Analogie zum KDP besteht. Wie Kernresonanz- und neutronographische Untersuchungen zeigten, tragen zur spontanen Polarisation des TGS hauptsächlich die Dipolmomente der NH_3^+-Gruppen bei, die zu den Glyzinium-Ionen I gehören. Vom Vorzeichen des Winkels $\pm 12{,}5°$, den dieses Molekül mit der Ebene $y = 1/4$ bildet, hängt das Vorzeichen des elektrischen Moments ab. Der Übergang von der einen Lage in die dazu symmetrische geht mit einer erheblichen Verschiebung aller NH_3^+ einher. Jeder der beiden symmetrischen Lagen des Glyziniums I entspricht sowohl eine bestimmte Lage der Sauerstoffatome des Sulfations, mit denen dieses Ion durch Wasserstoffbrücken verbunden ist, als auch eine bestimmte Konfiguration der beiden anderen Glyzingruppen. In Abb. 82 sind durch Pfeile die Verschiebungen der Atome

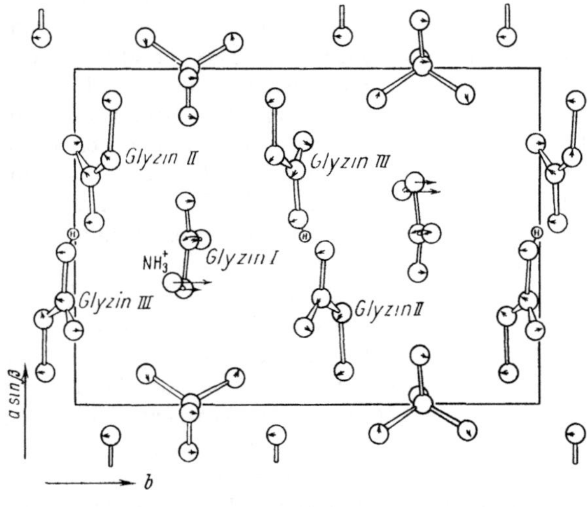

Abb. 82. Verschiebung der Atome im TGS (durch Pfeile gekennzeichnet) beim Auftreten der spontanen Polarisation in +b-Richtung

angezeigt, und zwar für den Fall, daß die spontane Polarisation die Richtung der positiven *b*-Achse besitzt. Dabei befindet sich das Proton der O'_{III}-H···O'_{II}- Bindung in der Potentialmulde, die der Glyzingruppe III näher liegt, welche somit die vollkommen ebene Konfiguration des Glyziniumions besitzt. Dementsprechend ist das Glyzin II das Zwitterion. Bei Umkehr der Polarisationsrichtung geht das Proton der O'_{III}-H···O'_{II}-Bindung in die dazu symmetrisch gelegene Potentialmulde über. Dabei vertauschen auch die Glyzingruppen III und II ihre Konfigurationen. Diese strukturellen Veränderungen führen über das System der Wasserstoffbindungen zu einer Drehung der Sulfationen und dies wiederum, ebenfalls über Wasserstoffbindungen, zur Verschiebung der NH_3^+-Gruppe des Glyzin I um etwa 1 AE in Richtung der b-Achse, so daß es in die zur Ebene $y - 1/4$ symmetrische Lage übergeht.

Oberhalb des Curiepunktes enthält ein TGS Kristall die gleiche Anzahl von Elementarzellen mit entgegengesetzten Polarisationsrichtungen. Das entspricht der ungeordneten Verteilung der Protonen in den O'_{III}-H···O'_{II}-Bindungen und der Anordnung der Glyzin-I-Ionen. Im vollständig geordneten Zustand befinden sich diese Protonen innerhalb einer Domäne entweder alle beim Glyzin II oder alle beim Glyzin III Dementsprechend sind Dipolmomente aller NH_3^+-Gruppen entweder parallel oder antiparallel zur positiven b-Achse.

Ganz ähnlich wie beim KDP ist beim TGS die Phasenumwandlung vom Ordnungs-Unordnungs-Typ. Die Protonen der kurzen Wasserstoffbrücke spielen auch hier die Rolle eines Auslösemechanismus für die Umpolung der NH_3^+-Dipole, das Moment der Wasserstoffbindung selbst steht fast senkrecht zur ferroelektrischen Achse und liefert keinen Beitrag zur spontanen Polarisation. — Für diese Auffassung, daß die Struktur des TGS eine Mischung zweier Arten von Elementarzellen enthält, die sich im Vorzeichen der Polarität voneinander unterscheiden, welche oberhalb T^c im gleichen, unterhalb T^c im unterschiedlichen Verhältnis vorhanden sind, sprechen die bei der Untersuchung der Temperaturabhängigkeit der diffusen Röntgenstreuung gefundenen Ergebnisse [110].

Abschließend sei bemerkt, daß es neben den hier erwähnten Kristallen viele Ferroelektrika gibt, die weder Sauerstoffoktaeder noch Wasserstoffbindungen enthalten [23]. Als Beispiele mögen nur das Kaliumnitrat (KNO_3, $T^c = 124\,°C$), Natriumnitrit ($NaNO_2$, $T^c = 160\,°C$) und das Kaliumjodat (KJO_3, $T^c = 212\,°C$) angeführt werden. Auch hier ist das Auftreten der spontanen Polarisation unterhalb des Curiepunktes durch einen Ordnungsprozeß gewisser Strukturelemente bedingt.

5.3. Gitterdynamische Theorie der Ferroelektrizität

5.3.1. Grundlagen der Gitterdynamik

Eine Reihe von Phasenumwandlungen, insbesondere von polymorphen Umwandlungen im festen Zustand, lassen sich unter gitterdynamischen Gesichtspunkten verstehen. Dabei wird der Phasenübergang als Folge einer mechanischen Instabilität des Kristallgitters bezüglich einer bestimmten Eigenschwingung angesehen, und es wird angenommen, daß sich am Umwandlungspunkt das instabile Gitter so umordnet, daß die dadurch entstehende neue Phase bezüglich aller Eigenschwingungen (Schwingungsmoden) stabil ist. Bei der gitterdynamischen Beschreibung der ferroelektrischen Phasenumwandlung verfährt man grundsätzlich genauso wie bei anderen Festkörpern [111]. Das Besondere der Ferroelektrika beruht in der Beziehung zwischen ihren elektrischen Eigenschaften und bestimmten Gitterschwingungen. Das kommt bereits in den Arbeiten von Ginzburg [7, 49] zum Ausdruck. Ausführlicher wurde dieses Problem von Anderson [112], insbesondere aber von Cochran [19] behandelt.

Zum besseren Verständnis wollen wir kurz auf die Grundlagen der Gitterdynamik eingehen [51, 113]. Die Lage der Atome im idealen Gitter ist bestimmt durch den Ortsvektor $\boldsymbol{r}(lk) = \boldsymbol{r}(l) + \boldsymbol{r}(k)$. Hier bedeutet $\boldsymbol{r}(l)$ den Vektor, der von einem als Koordinatenursprung gewählten Gitterpunkt zur l-ten Elementarzelle des Gitters weist, und $\boldsymbol{r}(k)$ den Vektor, der die Lage des k-ten Atoms ($k = 0, 1, \ldots, n-1$) innerhalb der Elementarzelle beschreibt. Es ist also $\boldsymbol{r}(lk)$ der Ortsvektor des k-ten Atoms in der l-ten Elementarzelle. Weiterhin bezeichnen wir mit $\boldsymbol{u}(lk)$ die Verschiebung des k-ten Atoms in der l-ten Zelle aus dem Platz, den es im idealen Gitter einnimmt, so daß der Ort des verschobenen Atoms durch $\boldsymbol{r}(lk) + \boldsymbol{u}(lk)$ bestimmt ist.

Wenn sich die Anordnung R der Atome nicht sehr viel von der am absoluten Nullpunkt der Temperatur vorhandenen $\boldsymbol{R}_0$ unterscheidet, die dem Minimum der potentiellen Energie Φ des Kristalls entspricht, kann man $\Phi(R)$ in eine Potenzreihe nach den Komponenten $u_\alpha(lk)$, $u_\beta(lk)$ ($\alpha, \beta = 1, 2, 3$) des (kleinen) Verschiebungsvektors $\boldsymbol{u}(lk)$ entwickeln:

$$\Phi(R) = \Phi_0 + \Phi_1 + \Phi_2 + \cdots = \Phi_0(R_0)$$

$$+ \sum_{l,k,\alpha}' \left(\frac{\partial \Phi}{\partial U_\alpha}\right)_{R_0} u(lk) + \frac{1}{2} \sum_{kk',ll',\alpha\beta} \left(\frac{\partial^2 \Phi}{\partial u_\alpha(lk) \partial u_\beta(l'k')}\right)$$

$$\times u_\alpha(lk)\, u_\beta(l'k') + \cdots = \Phi_0(R_0) + \sum_{l,k,\alpha} \Phi_\alpha(lk)\, u_\alpha(lk)$$

$$+ \frac{1}{2} \sum_{kk',ll',\alpha\beta} \Phi_{\alpha\beta}(lk, l'k')\, u_\alpha(lk)\, u_\beta(l'k') + \cdots. \quad (5.3.1)$$

Dabei bedeuten

$$\Phi_\alpha(lk) = \left(\frac{\partial \Phi}{\partial u_\alpha(lk)}\right)_{R_0},$$

$$\Phi_{\alpha\beta}(lk, l'k') = \left(\frac{\partial^2 \Phi}{\partial u_\alpha(lk) \partial u_\beta(l'k')}\right)_{R_0}.$$

Aus der Bedingung, daß $\Phi(R_0)$ ein Minimum sein soll, folgt $\Phi_\alpha = 0$. Damit erhält man als Gleichung für die

Bewegung eines k-Atoms in der Richtung α um die Gleichgewichtslage:

$$m_k \ddot{u}_\alpha(lk) = -\frac{\partial \Phi(R)}{\partial u_\alpha(lk)}$$

$$= -\frac{1}{2}\left\{\frac{\partial}{\partial u_\alpha(lk)}\left[u_\alpha(lk) \sum_{l',k',\beta} \Phi_{\alpha\beta}(lk, l'k')\, u_\beta(l'k') + \cdots\right.\right. \tag{5.3.2}$$

Dabei haben wir uns in (5.3.1) auf Glieder bis zur zweiten Ordnung beschränkt. Die Größe $\Phi_{\alpha\beta}(lk, l'k')$ ist gleich dem Verhältnis zwischen der auf das Atom lk (mit der Masse m_k) wirkenden α-Komponente der Kraft, die durch das Atom $(l'k')$ aufgrund der β-Komponente seiner Verschiebung $u_\beta(l'k')$ auftritt, und $u_\beta(l'k')$. Sie kann als Kraftkonstante für die Wechselwirkung zwischen den Atomen (lk) und $(l'k')$ angesehen werden.

Wir nehmen nun an, daß die Bewegung eines jeden Atoms angesehen werden kann als seine Beteiligung an den Normal-(Eigen-)Schwingungen des Gitters, die sich durch Überlagerung ebener Wellen darstellen lassen:

$$\boldsymbol{u}_\alpha(lk) = \boldsymbol{u}_\alpha(k) \operatorname{expi} \{\boldsymbol{q}\boldsymbol{r}(lk) - \omega t\}, \tag{5.3.3}$$

wenn $u_\alpha(k)$ der Polarisationsvektor der Schwingung ist, der die Bewegungsrichtung des k-ten Atoms bestimmt, $\boldsymbol{q}$ der Wellenvektor mit dem Betrag $|q| = 2\pi/\lambda$ und ω die Kreisfrequenz der betreffenden Eigenschwingung. Setzen wir (5.3.3) in (5.3.2) ein, erhalten wir

$$\omega^2 m_k u_\alpha(k) \exp \mathrm{i} \{\boldsymbol{q}\boldsymbol{r}(lk) - \omega t\} = \sum_{l',k',\beta} \Phi_{\alpha\beta}(lk, l'k') \times u_\beta(k') \exp \mathrm{i} \{\boldsymbol{q}\boldsymbol{r}(l'k') - \omega t\},$$

oder

$$m_k u_\alpha(k)\, \omega^2 = \sum_{l',k',\beta} \Phi_{\alpha\beta}(lk, l'k')\, u_\beta(k') \times \exp \mathrm{i} \{\boldsymbol{q}[\boldsymbol{r}(l'k') - \boldsymbol{r}(lk)]\}. \tag{5.3.4}$$

Führen wir zur Abkürzung die Bezeichnung

$$M_{\alpha\beta}(kk') = \sum_{l'k'} \Phi_{\alpha,\beta}(lk, l'k') \exp \mathrm{i} \{\boldsymbol{q}[\boldsymbol{r}(l'k') - \boldsymbol{r}(lk)]\} \tag{5.3.5}$$

ein, nimmt (5.2.4) die Form

$$m_k \omega^2 u_\alpha(k) = \sum_{k'\beta} M_{\alpha\beta}(kk')\, u_\beta(k') \tag{5.3.6}$$

an. Für den speziellen Fall $\boldsymbol{q} = 0$ stellt $M_{\alpha\beta}(kk')$ einfach die Summe der Kraftkonstanten dar. Diese wiederum kann man auffassen als die Kraftkonstante, welche die Wechselwirkung zwischen den Bravaisgittern beschreibt, die mit den k- bzw. k' Atomen besetzt sind. Sie bestimmt die Kraft, die zwischen den k- und k'-Atomen wirkt, wenn alle gleichartigen Bausteine der Sorte k um denselben Betrag verschoben werden.

Damit das Gleichungssystem (5.3.6) lösbar ist, muß seine Determinante verschwinden:

$$\left| \begin{array}{l} M_{\alpha\alpha}(11) - m_1\omega^2 M_{\alpha\alpha}(12) \ldots M_{\alpha\alpha}(1n)\, M_{\alpha\beta}(11) \ldots \\ \qquad \ldots M_{\alpha\beta}(1n) \ldots M_{\alpha\gamma}(1n) \\ \cdot \\ M_{\beta\alpha}(21) \ldots M_{\beta\alpha}(2n)\, M_{\beta\beta}(21)\, M_{\beta\beta}(22) - m_2\omega^2 \ldots \\ \qquad \ldots M_{\beta\beta}(2n)\, M_{\beta\gamma}(21) \ldots M_{\beta\gamma}(2n) \\ \cdot \\ M_{\gamma\alpha}(n1) \ldots M_{\gamma\alpha}(nn) M_{\gamma\beta}(n1) \ldots \\ \qquad \ldots M_{\gamma\beta}(nn)\, M_{\gamma\gamma}(n1) \ldots M_{\gamma\gamma}(nn) - m_k\omega^2 \end{array} \right| = 0. \tag{5.3.7}$$

Wenn man die Koeffizienten

$$c_{\alpha\beta}(kk') = \frac{1}{(m_k m_k)^{1/2}} M_{\alpha\beta}(kk'), \tag{5.3.8}$$

einführt, kann man die Bedingung für die Lösbarkeit in der Form

$$|c_{\alpha\beta}(kk') - \omega^2 \delta_{kk'}, \delta_{\alpha\beta}| = 0, \tag{5.3.9}$$

schreiben, wobei

$$\delta_{kk'} = \begin{cases} 1 \text{ für } k = k', \\ 0 \text{ für } k \neq k'; \end{cases} \quad \delta_{\alpha\beta} = \begin{cases} 1 \text{ für } \alpha = \beta, \\ 0 \text{ für } \alpha \neq \beta. \end{cases} \tag{5.3.9}$$

ist. Daraus ergibt sich eine Gleichung $3n$-ten Grades in ω^2, die somit $3n$ Funktionen $\omega^2 = \omega_j^2(\boldsymbol{q})$ bestimmen. Die Determinante (5.3.7) ist hermitisch, und deshalb sind alle $\omega_j^2(\boldsymbol{q})$ reell. Wenn das Gitter stabil ist, müssen auch die $\omega_j(\boldsymbol{q})$ reell sein, d. h. die Stabilitätsbedingung lautet: $\omega_j^2(\boldsymbol{q}) > 0$, bzw., da negative Frequenzen keinen physikalischen Sinn haben, $\omega_j(\boldsymbol{q}) > 0$. Das ist dann der Fall, wenn die Hauptunterdeterminante von $|c_{\alpha\beta}(kk')|$ positiv ist. Die $3n$ Funktionen $\omega = \omega_j(\boldsymbol{q})$ bezeichnet man als die $3n$ Zweige der Dispersionsrelation. Drei davon sind die akustischen Zweige. Hier geht mit abnehmendem q auch ω gegen Null. Die Gitterschwingungen sind in diesem Bereich mit den makroskopischen Eigenschwingungen des Kristalls identisch. Sie sind dadurch gekennzeichnet, daß sich benachbarte Gitterbausteine gleichphasig bewegen, wie es in Abb. 83a für einen zweiatomigen Kristall ($n = 2$) gezeigt ist. Den übrigen Zweigen, die es gibt, wenn die Zahl der Atome n pro Elementarzelle größer als eins ist, entsprechen Schwingungen, deren Frequenzen im Bereich derjenigen des sichtbaren Lichtes liegen. Bei diesen optischen Gitterschwingungen bewegen sich benachbarte, verschiedenartige Atome gegenphasig. Wenn es sich dabei um Anionen und Kationen handelt, so ändert sich auch das elektrische Dipolmoment der Elementarzellen periodisch (Abb. 83b). Wenn die Verrückung der Atome dieselbe Richtung besitzt wie der Wellenvektor, spricht man von longitudinalen Gitterschwingungen, stehen sie senkrecht auf $\boldsymbol{q}$,

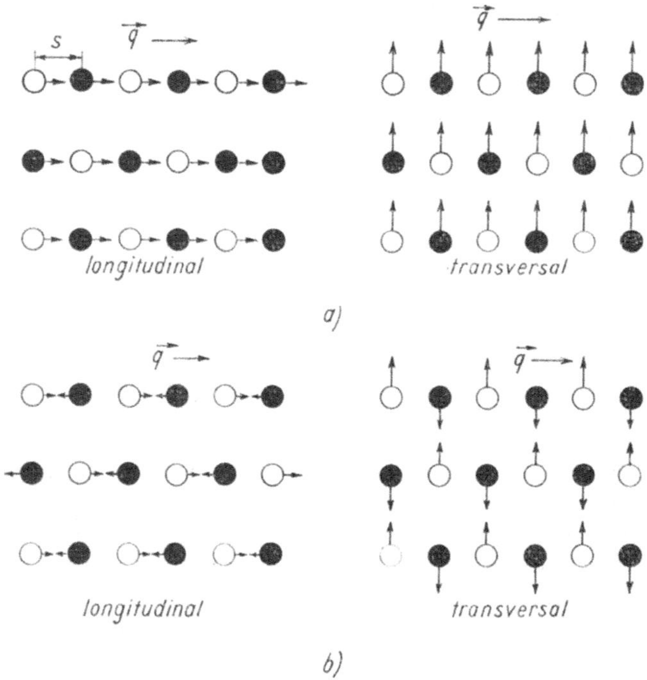

Abb. 83. Schwingungsmoden ($q = 0$) eines zweiatomigen Kristalls, a) akustische, b) optische Schwingungen

von transversalen. Im allgemeinen ist die Anzahl der transversalen Zweige zweimal größer als die der longitudinalen. In symmetrischen Kristallen können verschiedene transversale Zweige zusammenfallen (Entartung). Das ist z. B. beim NaCl der Fall. Für diesen Kristall sind die Dispersionzweige in Abb. 84 dargestellt. Die Indizes *a* und *o* bezeichnen die akustischen bzw. optischen Zweige, *l* und *t* die longitudinalen bzw. transversalen [114].

5.3.2. *Ferroelektrische Gitterschwingung (soft mode, Cochran mode)*

Weil bei tiefen Frequenzen die Polarisation der Ionenkristalle zu einem großen Teil von der Verschiebung der Atomrümpfe herrührt (Ionenpolarisation), die zusätzlich von einer Verschiebung der Elektronen relativ zu den Rümpfen (Elektronenpolarisation) begleitet ist, muß die Polarisation unmittelbar zur Gitterdynamik der

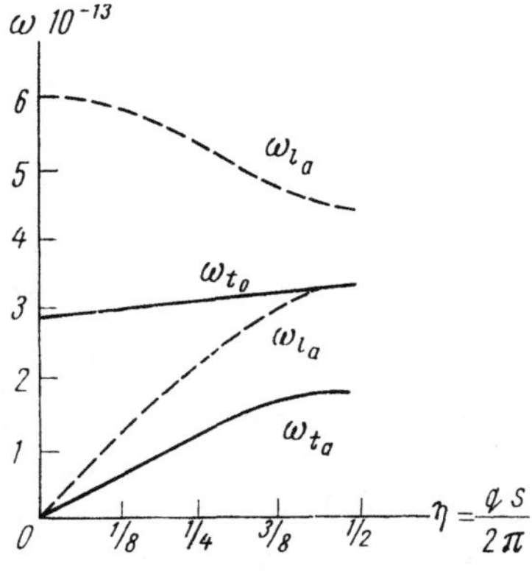

Abb. 84. Dispersionskurven des NaCl-Kristalls für q parallel zur [111]-Richtung (t = transversal, l = longitudinal, a = akustisch, o = optisch)

betreffenden Kristalle in Beziehung stehen. Deshalb wird man die mit der Bewegung der Atome verbundene Polarisation ebenso als eine Überlagerung von ebenen Polarisationswellen ansehen können, wie man die Bewegung der Atome selbst durch einen Satz von Normalschwingungen in Form von ebenen Wellen beschreiben kann:

$$\boldsymbol{P} \sim \exp \mathrm{i}\,\{\boldsymbol{q}\boldsymbol{r}(lk) - \omega t\}. \qquad (5.3.10)$$

Von derselben Form ist natürlich auch das elektrische Feld, das durch diese Polarisation erzeugt wird:

$$\boldsymbol{E} \sim \exp \mathrm{i} \{\boldsymbol{q}\boldsymbol{r}(lk) - \omega t\}; \tag{5.3.11}$$

Somit ist die elektrische Verschiebung

$$\boldsymbol{D} = \varepsilon_0 \boldsymbol{E} + \boldsymbol{P} \sim \exp \mathrm{i} \{\boldsymbol{q}\boldsymbol{r}(lk) - \omega t\}. \tag{5.3.12}$$

Wir zeigen nun, daß die elektrische Feldstärke, die auf die sich bewegenden Atome wirkt, für Transversal- und Longitudinalwellen verschieden ist. Den Ausgangspunkt bilden die MAXWELLschen Gleichungen:

$$\operatorname{rot} \boldsymbol{E} = -\frac{\partial \boldsymbol{B}}{\partial t}; \tag{5.3.13}$$

$$\operatorname{rot} \boldsymbol{H} = \frac{\partial \boldsymbol{D}}{\partial t} + \boldsymbol{j}; \tag{5.3.14}$$

$$\operatorname{div} \boldsymbol{D} = \varrho, \tag{5.3.15}$$

$$\operatorname{div} \boldsymbol{B} = 0, \tag{5.3.16}$$

Hier bedeutet $\boldsymbol{E}$ die mittlere makroskopische elektrische Feldstärke. Wenn keine freien Ladungsträger ($\varrho = 0$) und keine Ströme vorhanden sind ($\boldsymbol{j} = 0$), wenn wir weiterhin etwaige elektromagnetische Strahlung vernachlässigen können ($\boldsymbol{B} = 0$), vereinfachen sich diese Gleichungen für unseren Fall:

$$\operatorname{div} \boldsymbol{D} = \operatorname{div} (\varepsilon_0 \boldsymbol{E} + \boldsymbol{P}) = 0, \quad \operatorname{rot} \boldsymbol{E} = 0. \tag{5.3.17}$$

Auf die Polarisationswellen (Gl. (5.3.10) bis (5.3.12)) angewandt, ergibt sich

$$\varepsilon_0 \operatorname{div} \boldsymbol{E} = -\operatorname{div} \boldsymbol{P} = -i\boldsymbol{q}\boldsymbol{P}. \tag{5.3.18}$$

Für Longitudinalwellen, bei denen $\boldsymbol{q}$, $\boldsymbol{P}$ und $\boldsymbol{D}$ parallel sind, folgt aus (5.3.17 und 18)

$$\operatorname{div} \boldsymbol{D} = i\boldsymbol{q}\boldsymbol{D} = 0,$$

was nur erfüllt ist, wenn $\boldsymbol{D} = 0$ ist. Daraus ergibt sich mit (5.3.12)

$$\varepsilon_0 \boldsymbol{E} = -\boldsymbol{P}. \tag{5.3.18a}$$

Für Transversalwellen, bei denen $\boldsymbol{q}$ senkrecht zu $\boldsymbol{P}$ und $\boldsymbol{D}$ ist, folgt aus Gl. (5.3.18), daß $\operatorname{div} \boldsymbol{E} = 0$ ist. Zusammen mit der Bedingung (5.3.17) $\operatorname{rot} \boldsymbol{E} = 0$ bedeutet dies, daß $\boldsymbol{E} = 0$ ist, d. h. daß das mittlere makroskopische elektrische Feld gleich Null ist. Somit folgt für das innere, auf die sich bewegenden Atome wirkende Feld für transversale ($\boldsymbol{E}^{\mathrm{t}}$) bzw. longitudinale ($\boldsymbol{E}^{\mathrm{l}}$) Gitterschwingungen:

$$\boldsymbol{E}^{\mathrm{t}} = \frac{1}{3\varepsilon_0} \boldsymbol{P} + 0 = \frac{1}{3\varepsilon_0} \boldsymbol{P}; \tag{5.3.19}$$

$$\boldsymbol{E}^{\mathrm{l}} = \frac{1}{3\varepsilon_0} \boldsymbol{P} - \frac{1}{\varepsilon_0} \boldsymbol{P} = -\frac{2}{3\varepsilon_0} \boldsymbol{P}, \tag{5.3.20}$$

wobei $\boldsymbol{P}/3\varepsilon_0$ das Lorentz-Feld ist.

Mit dem einfachsten Fall der dynamischen Theorie zweiatomiger Ionenkristalle befaßte sich Kellermann [114], wobei er Coulombkräfte und abstoßende Kräfte, die auf die Überlappung von Elektronenhüllen zurückzuführen sind, berücksichtigte. Dann erschienen ausführliche Arbeiten über die Dynamik einer Reihe von Alkalihalogeniden unter Berücksichtigung der Polarisierbarkeit der Ionen. Cochran untersuchte in seiner bekannten Arbeit [19] die Gitterdynamik beliebiger Ionenkristalle in Verbindung mit ihren dielektrischen Eigenschaften. Dabei verwendeten die Autoren das Modell von Dick und Overhauser [117]. Bei diesem denkt man sich jeden Gitterbaustein zusammengesetzt aus einem Rumpf, der den Kern und die inner n Elektronen enthält, und — im allgemeinen — einer Reihe von Schalen, welche die äußeren Elektronen enthalten und deren Masse vernachlässigbar klein ist. Weiter wird angenommen, daß die Rümpfe und Schalen selbständige Untergitter bilden, daß sie kugelförmig sind und daß zwischen ihnen isotrope Nahwirkungskräfte wirken, auch wenn man zuläßt, daß aufgrund ihrer gegenseitigen Verschiebung elektrische Dipolmomente auftreten. Die Ionen im Kristall sollen punktförmig sein und durch Coulombkräfte miteinander in Wechselwirkung stehen, denen abstoßende, nur zwischen nächsten Nachbarn wirkende Zentralkräfte das Gleichgewicht halten.

Der Einfachheit halber beschränken wir uns im Folgenden, ebenso wie COCHRAN, auf den Fall eines zweiatomigen, kubischen Kristalls, in dem nur die negativen Ionen als polarisierbar angenommen werden. Der Kristall soll also aus drei ineinandergestellten BRAVAIS-Gittern bestehen, die durch die positiven Ionen sowie durch die Rümpfe und Schalen der negativen Ionen gebildet werden. Ihre Verschiebungen aus den Gleichgewichtslagen bezeichnen wir mit u_1, u_2 und v_2, ihre Ladungen mit Ze, Xe und Ye,[2]) wobei $X + Y + Z = 0$ ist (Elektroneutralitätsbedingung). Wir werden die Nahwirkungskräfte zwischen Rumpf und Schale eines negativen Ions durch die Kraftkonstante k, zwischen den Schalen und den positiven Ionen durch k_0 beschreiben, während Coulombkräfte, die von der Polarisation P abhängen, besonders berücksichtigt werden.

Die Bewegungsgleichungen der drei genannten Untergitter kann man in der folgenden Form schreiben:

$$m_1 \ddot{u}_1 = k_0(v_2 - u_1) + \frac{1}{3\varepsilon_0} PZe;$$

$$m_2 \ddot{u}_2 = k(v_2 - u_2) + \frac{1}{3\varepsilon_0} PXe; \qquad (5.3.21)$$

$$0 = k(u_2 - v_2) + k_0(u_1 - v_2) + \frac{1}{3\varepsilon_0} PYe.$$

[2]) Im Folgenden wird die Elementarladung $q^{e} - e$ bezeichnet.

Wir nehmen an, daß der Wellenvektor parallel [100] und dem Betrage nach gleich Null ist, und daß sich die Atome parallel [001] bewegen, so daß (5.3.3), (5.3.10) und (5.3.12) für unseren Fall $(\boldsymbol{qr}) = 0$ die Form

$$\begin{aligned} u_1 &= U_1 \exp(-i\omega_t t); \\ P &= P_0 \exp(-i\omega_t t); \\ E &= E_0 \exp(-i\omega_t t) \end{aligned} \tag{5.3.22}$$

usw. annehmen, und Gl. (5.3.21) in der Form

$$\text{a)} \quad m_1\omega_t^2 U_1 = k_0(U_1 - U_2) + k_0(U_2 - V_2) - \frac{1}{3\varepsilon_0} P_0 Ze \tag{5.3.23a}$$

$$\text{b)} \quad m_2\omega_t^2 U_2 = k(U_2 - V_2) - \frac{1}{3\varepsilon_0} P_0 Xe$$

geschrieben werden kann. Setzt man hier $(U_2 - V_2)$ aus der dritten Gl. von (5.3.21) ein, erhält man

$$m_2\omega_t^2 U_2 = k_0(U_2 - U_1) + k_0(V_2 - U_2) - \frac{1}{3\varepsilon_0} P_0(Xe + Ye),$$

oder

$$m_2\omega_t^2 U_2 = k_0(U_2 - U_1) + k_0(V_2 - U_2) + \frac{1}{3\varepsilon_0} P_0 Ze. \tag{5.3.23b}$$

Aus

$$0 = k_0(U_2 - U_1) + (k + k_0)(V_2 - U_2) - \frac{1}{3\varepsilon_0} P_0 Ye \tag{5.3.23c}$$

folgt

$$V_2 - U_2 = \frac{\left[\frac{1}{3\varepsilon_0} P_0 \mathrm{Ye} - k_0(U_2 - U_1)\right]}{(k - k_0)}.$$

Damit erhalten wir

$$m_1\omega_t^2 U_1 = \left(\frac{kk_0}{k+k_0}\right)(U_1 - U_2) - \frac{1}{3\varepsilon_0} P_0\left[Z + \frac{Yk_0}{k+k_0}\right] e,$$

oder

$$m_1\omega_1^2 U_1 = k_0'(U_1 - U_2) - \frac{1}{3\varepsilon_0} P_0 Z' e \qquad (5.3.24\text{a})$$

und analog

$$m_2\omega_t^2 U_2 = k_0'(U_2 - U_1) + \frac{1}{3\varepsilon_0} P_0 Z' e, \qquad (5.3.24\text{b})$$

wo

$$k_0' = \frac{kk_0}{k+k_0}; \; Z' = Z + \frac{Yk_0}{k+k_0} \qquad (5.3.25)$$

bedeuten. Man sieht, daß $k_0' < k_0$ und $Z' < Z$ ist (weil Y negativ ist). Es sollte darauf hingewiesen werden, daß das Ersetzen der Kraftkonstanten und Ladungen durch die effektiven Werte nicht darauf zurückzuführen ist, daß die Ionen in einem elektrischen Feld polarisiert werden, sondern daß durch die Nahwechselwirkung bei den Schwingungen Dipole gebildet werden.

Eliminiert man in dem Ausdruck für die Polarisation

$$P = \left(\frac{e}{v}\right)(ZU_1 + XU_2 + YV_2),$$

in dem v das Volumen der Elementarzelle bedeutet, mit (5.3.23c) die Größe V_2, erhält man

$$P\left\{1 - \frac{(Ye)^2}{3v\varepsilon_0(k+k_0)}\right\} = \frac{e}{v}\left\{\left[Z + \frac{k_0 Y}{(k+k_0)}\right] U_1 + \left[X + \frac{kY}{(k+k_0)}\right] U_2\right\} = \frac{Z'e}{v}(U_1 - U_2),$$

(5.3.26)

weil

$$X + \frac{kY}{k + k_0} = -Z - Y + \frac{kY}{k + k_0}$$

$$= -\left[Z + \frac{k_0 Y}{k + k_0}\right] = -Z'.$$

Jetzt nehmen wir an, daß auf die Bausteine des Kristalls ein elektrisches Feld, z. B. das einer Lichtwelle $E = E_0 \exp\{-i\Omega t\}$ einwirkt. Dabei ist die Frequenz Ω so groß, daß die Rümpfe wegen ihrer Trägheit den Feldänderungen nicht folgen können. Es können also nur die Schalen mitschwingen. Dabei gilt die Gleichgewichtsbedingung $E_0 Y e = (k + k_0) V_2$. Weil die mit der Verschiebung der Schalen verbundene Polarisation durch

$$P_0 = \frac{YeV_2}{v} \tag{5.3.27}$$

gegeben ist, gilt für die Elektronenpolarisierbarkeit eines negativen Ions:

$$\alpha^{\text{el}} = \frac{P_0 v}{E_0} = \frac{(Ye)^2}{k + k_0}. \tag{5.3.28}$$

Andererseits ist diese Polarisierbarkeit mit der bei optischen Frequenzen gemessenen DK ε_∞ durch die Clausius-Mosottische Gleichung verknüpft:

$$\frac{\alpha^{\text{el}}}{3v\varepsilon_0} = \frac{\varepsilon_\infty^{\text{r}} - 1}{\varepsilon_\infty^{\text{r}} + 2}. \tag{5.3.29}$$

Es sei daran erinnert, daß eine analoge Beziehung für die statische Polarisierbarkeit gilt:

$$\frac{(\alpha^{\text{el}} + \alpha^{\text{ion}})}{3v\varepsilon_0} = \frac{\varepsilon_{\text{st}}^{\text{r}} - 1}{\varepsilon_{\text{st}}^{\text{r}} + 2}, \tag{5.3.29a}$$

wenn $\alpha^{\mathrm{i}} = Z'e/k_0'$ die Ionenpolarisierbarkeit bedeutet. Mit (5.3.29) erhalten wir aus (5.3.26):

$$P_0 = \frac{Z'e}{v}(U_1 - U_2)\frac{1}{1 - \dfrac{1}{3v\varepsilon_0}\dfrac{(kYe)^2}{(k + k_0)}}$$

$$= \frac{Z'e}{v}(U_1 - U_2)\frac{1}{1 - \dfrac{1}{\alpha^{\mathrm{el}}}\dfrac{\varepsilon_\infty^{\mathrm{r}} - 1}{\varepsilon_\infty^{\mathrm{r}} + 2}\alpha^{\mathrm{el}}}$$

$$= \frac{Z'e}{3v}(U_1 - U_2)(\varepsilon_\infty^{\mathrm{r}} + 2)\,. \qquad (5.3.30)$$

Diesen Ausdruck für P_0 setzen wir in Gl. (5.3.24) ein:

$$m_1\omega_{\mathrm{t}}^2 U_1 = k_0'(U_1 - U_2) - \frac{1}{3\varepsilon_0}\left\{\frac{(Z'e)^2(\varepsilon_\infty^{\mathrm{r}} + 2)(U_1 - U_2)}{3v}\right\};$$

$$m_2\omega_{\mathrm{t}}^2 U_2 = k_0'(U_2 - U_1) + \frac{1}{3\varepsilon_0}\left\{\frac{(Z'e)^2(\varepsilon_\infty^{\mathrm{r}} + 2)(U_1 - U_2)}{3v}\right\},$$

oder umgeformt:

$$m_1\omega_{\mathrm{t}}^2 U_1 = +(U_1 - U_2)\left\{k_0' - \frac{1}{9v\varepsilon_0}(Z'e)^2(\varepsilon_\infty^{\mathrm{r}} + 2)\right\};$$

$$m_2\omega_{\mathrm{t}}^2 U_2 = -(U_1 - U_2)\left\{k_0' - \frac{1}{9v\varepsilon_0}(Z'e)^2(\varepsilon_\infty^{\mathrm{r}} + 2)\right\}.$$

Multiplizieren wir die erste Gleichung mit m_2 und die zweite mit m_1, so erhalten wir durch Substitution:

$$m_1 m_2\omega_{\mathrm{t}}^2(U_1 - U_2) = (m_1 + m_2)(U_1 - U_2)$$
$$\times\left\{k_0' - \frac{1}{9v\varepsilon_0}(Z'e)^2(\varepsilon_\infty^{\mathrm{r}} + 2)\right\};$$

oder

$$\mu\omega_{\mathrm{t}}^2 = k_0' - \frac{1}{9v\varepsilon_0}(Z'e)^2(\varepsilon_\infty + 2)\,, \qquad (5.3.31)$$

worin $\mu = m_1 m_2/(m_1 + m_2)$ die reduzierte Masse bedeutet.

Die Gl. (5.3.31) bestimmt die Frequenz der transversalen optischen Schwingungen. Bei longitudinal optischen Schwingungen tritt das makroskopische elektrische Feld $-\boldsymbol{P}/\varepsilon_0$ auf (s. Gl. (5.3.18a)), das einen zusätzlichen Beitrag zur Direktionskraft liefert, so daß die Frequenz ω_1 dieser Schwingungen größer ist als die der transversalen. Die Gleichung für die longitudinal optischen Schwingungen erhält man ebenso wie die der transversal optischen (Gl. (5.3.31)), nur muß hier gemäß (5.3.19) für das innere Feld $\boldsymbol{E} = -2\boldsymbol{P}/3\varepsilon_0$ eingesetzt werden. Damit ergibt sich

$$\mu\omega_l{}^2 = k_0' + \frac{2(\varepsilon_\infty^{\mathrm{r}} + 2)(Z'e)^2}{9\varepsilon_0\varepsilon_\infty^{\mathrm{r}} v}. \tag{5.3.32}$$

Nun gibt es die weitere Beziehung [116]

$$\frac{\omega_{\mathrm{t}}{}^2}{\omega_{\mathrm{t}}{}^2} = \frac{\varepsilon_{\mathrm{st}}}{\varepsilon_\infty}, \tag{5.3.33}$$

welche die statische und optische DK mit den Frequenzen der transversalen und longitudinalen optischen Gitterschwingungen mit $q \to 0$ verknüpft.

Cochran hat diese Beziehung für kubische Kristalle mit n Atomen pro Elementarzelle verallgemeinert:

$$\frac{\varepsilon_{\mathrm{stat}}}{\varepsilon_\infty} \prod_{j=2}^{n} \frac{(\omega_j{}^2)_l}{(\omega_j{}^2)_{\mathrm{t}}}. \tag{5.3.33a}$$

Bei derartigen Kristallen gibt es (für $q = 0$) n zweifach entartete transversale und n longitudinale Normalschwingungen. Eine von diesen ist die akustische mit $\omega_1 = 0$, die nicht in (5.3.33a) enthalten ist.

Aus (5.3.31) und (5.3.33) erhält man unmittelbar die Bedingung für den Übergang in die polare Phase. Die statische DK geht gegen Unendlich, wenn $\omega_t{}^2$ gegen Null geht. Nach (5.3.31) ist das der Fall für

$$k_0' = \frac{(\varepsilon_\infty^{\mathrm{r}} + 2)(Z'e)^2}{9v\varepsilon_0}. \tag{5.3.34}$$

Wenn diese Bedingung erfüllt ist, so bedeutet das eine Instabilität des Kristalls bezüglich einer transversal optischen Gitterschwingung, wobei er nicht unbedingt auch seine Stabilität bezüglich anderer Eigenschwingungen verlieren muß. Für longitudinale Schwingungsmoden ist das sogar überhaupt unmöglich, wie Gl. (5.3.32) zeigt, weil hier zwei Größen gleichen Vorzeichens addiert werden.

Wir sehen also, daß die Instabilität eines Kristalls bezüglich einer transversal optischen Gitterschwingung mit $q = 0$ (einer sogenannten ferroelektrischen Gitterschwingung, soft mode bzw. Cochran mode) ein unbegrenztes Anwachsen der statischen DK bedeutet, und das dient in der thermodynamischen Theorie als Kriterium der Ferroelektrizität.

Die Bedingungen für die dynamische Stabilität zweiatomiger kubischer Ionenkristalle kann man für beliebige Kristalle mit beliebiger Wechselwirkung verallgemeinern. Auch hier erhält man die Bedingung für den Übergang in einen ferroelektrischen Zustand, nämlich das Verschwinden der Frequenz einer optischen Gitterschwingung, unmittelbar aus dem System der Bewegungsgleichungen. Wenn diese in der Form (5.3.6) vorliegen, so muß die Determinante dieses Systems verschwinden, damit es lösbar ist, und die Hauptminoren $[M']$ müssen positiv sein, damit der Kristall stabil ist.

Die triviale Lösung des Systems (5.3.7) $\omega_1^2 = 0$ liefert die Frequenz des akustischen Zweiges (für $q = 0$). Es ist auch eine andere Nullstelle $\omega_2^2 = 0$ möglich, die sich für $[M'] = 0$ ergeben. Weil dabei alle Hauptminoren der Ordnung $(n - 1)$ einander gleich sind, ist es gleichgültig, welche von ihnen gewählt wird.

Die Bedingung (5.3.34) für den Verlust der Stabilität von Ionenkristallen und das Verschwinden der Frequenz einer Gitterschwingung sowie für den Übergang in den ferroelektrischen Zustand bringt zum Ausdruck, daß sich Coulomb- und Nachwirkungsanteil der Direktionskräfte vollkommen kompensieren.

Abschätzungen für Alkalihalogenide zeigen, daß hier diese beiden Anteile zwar von derselben Größenordnung sind, wobei jedoch k_0' etwa zweimal größer als der Coulombanteil (rechte Seite von (5.3.34)) ist. Eine vollständige Kompensation ist also hier nicht möglich. Für NaJ z. B. wurden folgende Werte berechnet: $Z' = 0{,}69$; $k_0 = 28{,}6\,\mathrm{N/m}$; $(\varepsilon_\infty^\mathrm{r} + 2)(Z'e)^2/9v\varepsilon_0 = 1{,}1\,\mathrm{N/m}$.

Bei Kristallen vom $BaTiO_3$-Typ dagegen kann es bei einer bestimmten Temperatur zu einer derartigen Kompensation der Direktionskräfte kommen, wobei die Frequenz der betreffenden Gitterschwingung in diesem Temperaturgebiet außerordentlich klein wird. Mit unserem bisherigen Modell, bei dem wir uns auf die harmonische Näherung, nämlich die Glieder zweiter Ordnung in der Energieentwicklung (5.3.1) beschränkt haben, kann man jedoch diese Temperaturabhängigkeit der Gitterschwingung und damit der dielektrischen Eigenschaften nicht beschreiben.

Berücksichtigt man in der Energieentwicklung anharmonische Anteile, so findet man, daß solche Größen wie das Volumen der Elementarzelle v, k_0 und Z' linear von der Temperatur abhängen [19]. Der Ausdruck (5.3.31) läßt sich dann in der Form

$$1 - \frac{(\varepsilon_\infty^\mathrm{r} + 2)(Z'\varepsilon)^2}{9vk_0'\varepsilon_0} = \frac{\mu\omega_\mathrm{t}^2}{k_0'} = \gamma(T - T^\mathrm{c}). \tag{5.3.35}$$

schreiben. Der Temperaturkoeffizient γ besitzt dieselbe Größenordnung wie der Ausdehnungskoeffizient. Die Größe T^c kann man mit der Curietemperatur identifizieren.

Aus (5.3.31 bis 33) erhält man

$$\varepsilon_\mathrm{st} - \varepsilon_\infty = \frac{(\varepsilon_\infty^\mathrm{r} + 2)^2\,(Z'e)^2}{9v\mu\omega_\mathrm{t}^2}. \tag{5.3.36}$$

Setzt man das in (5.3.35) ein, folgt

$$\varepsilon_{st} = \varepsilon_\infty + \frac{(\varepsilon^r_\infty + 2)^2 (Z'e)^2}{9vk_0'\gamma(T - T^c)}. \qquad (5.3.37)$$

Dieser Ausdruck entspricht dem Curie-Weissschen Gesetz (1.2.10). Für $SrTiO_3$ wurden entsprechende Rechnungen durchgeführt. Die Ergebnisse stimmen gut mit den experimentellen Resultaten überein [118]. Abschließend sei bemerkt, daß sich diese Theorie nur für die „eigentlichen“ Ferroelektrika anwenden läßt, bei denen in der thermodynamischen Theorie die spontane Polarisation der Ordnungsparameter ist. Aber auch bei den „uneigentlichen“ Ferroelektrika, wie z. B. GMO (vgl. Absch. 2.2.5), kann man die Umwandlungsparameter zu bestimmten Schwingungsmoden, denen gegenüber der Kristall am Umwandlungspunkt instabil wird, in Beziehung setzen.

5.3.3. Zum experimentellen Nachweis der ferroelektrischen Gitterschwingung

Bei den typischen Ionenkristallen hat die Frequenz der longitudinalen und transversalen optischen Schwingungsmoden die Größenordnung $3 \cdot 10^{13}$ Hz bzw. $2 \cdot 10^{13}$ Hz. Das entspricht Lichtwellenlängen λ von weniger als 100 μm (Wellenzahl größer 100 cm^{-1}). Entsprechend Gl. (5.3.33) folgt daraus $\varepsilon_{st}/\varepsilon_\infty \approx 1{,}5$, was mit der Erfahrung übereinstimmt.

Bei Ferroelektrika, wie etwa $BaTiO_3$, erreicht $(\varepsilon_{st}/\varepsilon_\infty)^{1/2}$ Werte bis 10^2. Weil die Frequenz der longitudinal optischen Gitterschwingungen dieselbe Größenordnung wie bei Alkalihalogenidkristallen besitzt, sollte es transversal optische Moden mit $\omega_t \approx 2 \cdot 10^{11}$ Hz geben ($\lambda > 100$ μm, Wellenzahl kleiner als 100 cm^{-1}). Das entspricht elektromagnetischer Strahlung im fernen Infrarot.

Eine oft angewandte Methode zur Untersuchung der Gitterschwingungsspektren besteht darin, daß man (mit monochromatischer Strahlung) die Abhängigkeit des Reflexionsvermögens von der Frequenz in einem möglichst großen Bereich mißt. Auf diese Weise läßt sich

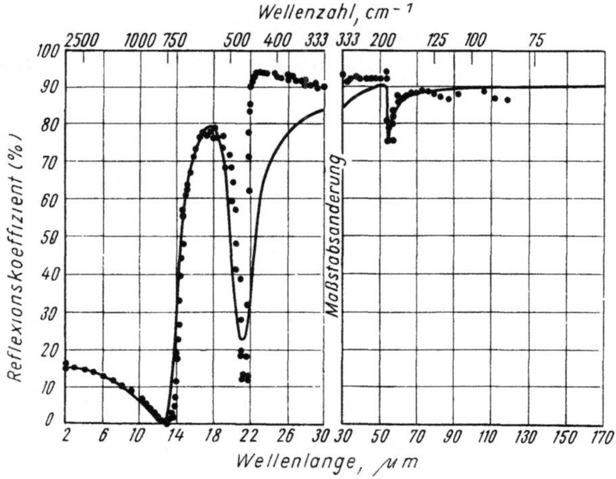

Abb. 85. Abhängigkeit des Reflexionskoeffizienten von der Wellenlänge monochromatischen Lichtes beim Bariumtitanat

die Frequenzabhängigkeit der DK im gesamten, der Messung zugänglichen Spektralgebiet bestimmen. Aus dem Reflexionskoeffizienten kann man den Brechungsindex $n(\omega)$ und den Dämpfungskoeffizienten $k(\omega)$ berechnen, die in den komplexen Brechungsindex n^* eingehen:

$$n^*(\omega) = n(\omega) - ik(\omega), \tag{5.3.38}$$

woraus man durch Quadrieren den Real- und Imaginärteil der komplexen DK

$$\varepsilon^*(\omega) = \varepsilon'(\omega) - i\varepsilon''(\omega)$$

erhält. Als Beispiel sind in Abb. 85 die Meßpunkte der bei verschiedenen Wellenlängen bestimmten Reflexionskoeffizienten für $BaTiO_3$ aufgetragen [119]. Die Maxima bei 550 cm^{-1} und 200 cm^{-1} entsprechen den Eigenfrequenzen von Gitterschwingungen.

Berechnet man hieraus die komplexe DK, so ergeben sich für $\varepsilon''(\omega)$ drei Maxima. Die Ergebnisse derartiger Rechnungen für $BaTiO_3$ sind in Abb. 86 für verschiedene Temperaturen aufgetragen [120]. Die durchgezogenen Kurven entsprechen $\varepsilon''(\omega)$, die gestrichelten $\varepsilon'(\omega)$. Die

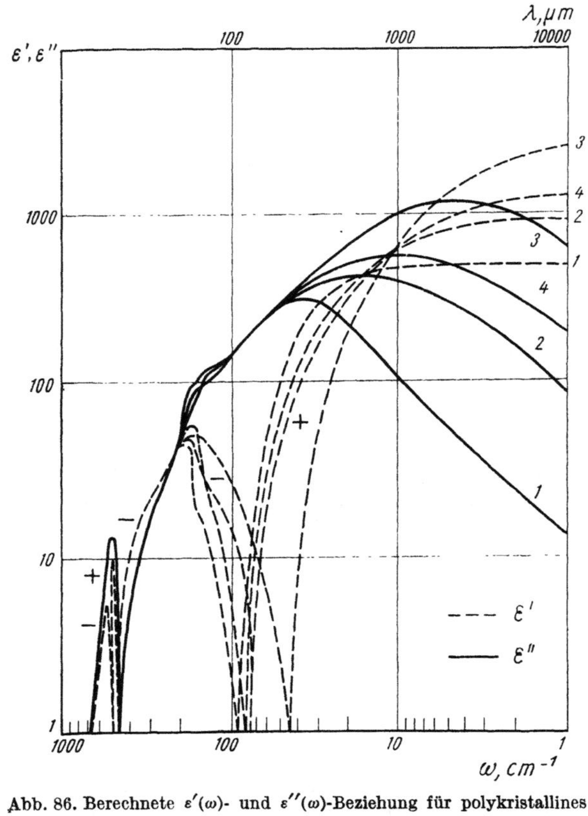

Abb. 86. Berechnete $\varepsilon'(\omega)$- und $\varepsilon''(\omega)$-Beziehung für polykristallines Bariumtitanat bei 45°C (1), 80°C (2), 110°C (3) und 140°C (4)

Vorzeichen an diesen geben das Vorzeichen von $\varepsilon'(\omega)$ an. Wie man daraus deutlich erkennt, hängt das Maximum unterhalb 100 cm^{-1} stark von der Temperatur ab. Es verschiebt sich bei Annäherung an den Curiepunkt nach kleineren Wellenzahlen (tieferen Frequenzen). Das kann man als eine qualitative Bestätigung der gitterdynamischen Theorie ansehen.

Sieht man andererseits den $BaTiO_3$-Kristall als System von drei Arten von Oszillatoren an, deren Frequenzen durch die Maxima von $\varepsilon'(\omega)$ bzw. $\varepsilon''(\omega)$ in Abb. 86 bestimmt sind, so kann man daraus mit Hilfe der Dispersionstheorie die Abhängigkeit des Reflexionskoeffizienten von der Frequenz berechnen. Das Ergebnis zeigt die durchgezogene Kurve in Abb. 85. Sie stimmt qualitativ mit den Meßwerten überein.

In letzter Zeit wird zur Untersuchung des Spektrums der Gitterschwingungen in immer stärkerem Maße die unelastische Streuung langsamer Neutronen herangezogen. Damit lassen sich die gesamten akustischen und optischen Dispersionszweige, d. h. die Abhängigkeit der Frequenzen der Gitterschwingungen vom Wellenvektor $\boldsymbol{q}$ untersuchen. Mit den optischen Methoden kann man dagegen nur Schwingungen mit $\boldsymbol{q} \to 0$ (s. Abb. 84) erfassen.

Langsame Neutronen, deren de Broglie-Wellenlängen mit den Gitterparametern vergleichbar sind, besitzen Energien von 0,01 eV bis 0,1 eV. Sie liegen in derselben Größenordnung wie die Energien der Gitterbausteine. Das bedeutet, daß die relative Änderung der Energie solcher Neutronen bei einer unelastischen Wechselwirkung mit einem Festkörper von der Größenordnung Eins ist, so daß sie für jeden Streuvorgang leicht gemessen werden kann. Die Energie der Gitterschwingungen ist gequantelt; man nennt diese Quanten Phononen, in Analogie zu den Lichtquanten, den Photonen. Bei der Streuung kann ein Neutron, je nach seiner Anfangsenergie sowie der Art und der Temperatur des Körpers, einen Teil seiner Energie zur Anregung einer Gitterschwingung (zur Erzeugung eines Phonons) abgeben oder seine Anfangsenergie vergrößern auf Kosten der Energie einer Gitterschwingung (Absorption eines Phonons).

Wenn man die Energieänderung bei der Streuung der langsamen Neutronen in Abhängigkeit von der Streurichtung mißt, kann man mit Hilfe des Energiesatzes und des Satzes von der Erhaltung des Wellenvektors (Impulssatzes) die Dispersionsrelation $\omega = \omega(\boldsymbol{q})$ bestimmen [51].

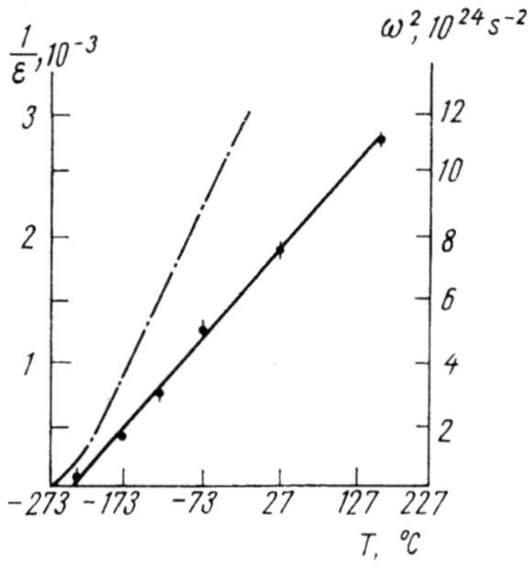

Abb. 87. Temperaturabhängigkeit der reziproken DK und des Quadrats der Frequenz der niederfrequenten, transversal optischen Schwingungsmoden mit $\boldsymbol{q} \to 0$ des Strontiumtitanats

In Abb. 87 sind die reziproke DK eines $SrTiO_3$-Kristalls in Abhängigkeit von der Temperatur (bis ca 50 K gilt das CURIE-WEISSsche Gesetz) aufgetragen. Außerdem ist das Quadrat der Frequenz einer transversal optischen Gitterschwingung in der Nähe $\boldsymbol{q} \to 0$ eingezeichnet [118]. Wir erkennen daran, daß der Abnahme der reziproken statischen DK das Verschwinden einer transversal optischen Gitterschwingung entspricht, wie Gl. (5.3.33) und (5.3.35) fordern.

Mit diesen Methoden sowie mit der Infrarot-Absorptions- und Ramanspektroskopie wurden viele weitere Untersuchungen über die Beziehung von „weichen" Gitterschwingungen (soft modes) zu Phasenumwandlungen im festen Zustand durchgeführt. Auch die MÖSSBAUER-Spektroskopie hat man für diese Untersuchungen herangezogen. Auf weitere Einzelheiten kann hier jedoch nicht eingegangen werden.

Literaturverzeichnis

[1] А. В. Шубников, Е. Е. Флинт, Г. Б. Бокий. Основы кристаллографии. АН СССР, М., 1940.
[1a] G. A. Smolenskij und N. N. Krajnik. Ferroelektrika und Antiferroelektrika, Leipzig 1972.
[2] И. Е. Тамм. Основы теории электричества. «Наука», 1967.
[2a] A. Sommerfeld. Elektrodynamik, Leipzig 1949.
[3] А. В. Шубников. Изв. АН СССР, Сер. физ., **13**, 347 (1949).
[4] J. F. Nye. Physical Properties of Crystals, Oxford 1964.
[5] А. В. Шубников, И. С. Желудев, В. П. Константинова, И. М. Сильвестрова. Исследование пьезоэлектрических текстур, АН СССР, М., 1955.
[6] Г. А. Смоленский, В. А. Исупов. Сегнетоэлектрики. АН СССР, Л., 1957.
[7] В. Л. Гинзбург. УФН, **38**, 490 (1949).
[8] И. В. Курчатов. Сегнетоэлектрики ГИТТЛИ, М., 1933.
[9] W. G. Cady. Piezoelectricity, New York 1946.
[10] J. Valasek, Phys. Rev., **17**, 475 (1921).
[11] W. P. Mason. Piezoelectric Crystals and their Application to Ultrasonics, New York 1950.
[12] C. B. Sawyer, C. H. Tower, Phys. Rey., **35**, 269 (1930).
[13] C. A. Beevers, W. Hughes Proc. Roy. Soc., **177**, 251 (1941).
[14] J. C. Slater, Journ. Chem. Phys., **9**, 16 (1941).

[15] Б. М. Вул, И. М. Гольдман, ДАН СССР, **49**, **179** (1945),
[16] В. Л. Гинзбург, ЖЭТФ, **15**, 739 (1945).
[17] A. E. Devonshire, Phis. Mag. **40**, 1049 (1949). (Имеется русский перевод в сб. «Проблемы современ ной физики», в. 6. ИЛ, М., 1953).
[18] W. P. Mason, B. T. Matthias, Phys. Rev., **74**, 1622 (1948).
[19] W. Cochran, Adv. Phys., **10**, 401 (1961).
[20] М. В. Классен-Неклюдова, М. А. Чернышева, А. А. Штернберг. ДАН, СССР, **63**, 527 (1948).
[21] H. Blattner, W. Känzig, W. Merz, H. Sutter, Helv. Phys. Acta **21**, 207 (1948).
[22] W. Merz, Phys. Rev., **95**, 690 (1954).
[23] F. Jona, G. Shirane. Ferroelectric Crystals, New York 1962.
[24] T. Nagamiya, Progr. Theor. Phys. Japan **7**, 275, (1952).
[25] C. Kittel, Phys. Rev., **82** 729 (1951). (Имеется русский перевод в сб. «Проблемы современной физики», в. 6. ИЛ, М., 1953).
[26] E. Sawaguchi, K. Kittaka, Journ. Phys. Soc Japan, 7, 336 (1952).
[27] Е. И. Мамонов. Изв. АН СССР, Сер. физ. **24**, 1426 (1960).
[28] A. Glanc, Z. Malek, J. Mastner, M. Novak, J. Strajblova. Journ. Appl. Phys., **35** 1870 (1964).
[29] J. D. Childress, Journ. Appl. Phys., **33**, 792 (1962).
[30] И. С. Желудев. УФН, **88**, 253 (1966).
[31] Д. М. Казарновский. Сегнетокерамические конденсаторы. Госэнергоиздат, М., 1956.
[32] И. А. Глозман, Пьезокерамика. «Энергия», М., 1967.
[33] Л. А. Шувалов. Кристаллография. **8**, 617 (1963).
[34] Л. А. Шувалов. Изв. АН СССР, Сер. физ. **28**, 660 (1964).
[35] И. П. Базаров. Термодинамика. ГИФМЛ, М., 1961.
[36] L. D. Landau, E. M. Lifschitz. Statistische Physik, Berlin 1970.
[37] S. Triebwasser, IBM Journ. Res. Developm. **2**, 212 (1958).
[38] Б. А. Струков, Н. Д. Гаврилова, В. А. Копцик. Кристаллография. **6**, 780 (1961).
[39] Л. Д. Ландау, Е. М. Лифшиц. Электродинамикасплошных сред, ГИТТЛ, 1957.
[40] W. J. Merz, Phys. Rev., **91**, 513 (1953).
[41] Л. П. Холоденко. ЖЭТФ. **31**, 244 (1956).

[41a] G. Schmidt, phys. stat. sol. **8**, 41 (1965).
[42] И. М. Сильвестрова. Кристаллография. **6**, 582 (1961).
[43] S. Hoshino, K. Vedam, J. Okaya, B. Pepinsky, Phys. Rev., **112**, 405 (1958).
[43a] V. Dvorak, phys. stat. sol. (b) **46**, 763 (1971).
[43b] V. Dvorak, J. Physique **33**, Suppl. C2-89 (1972).
[44] H. Baumgartner, Helv. Phys. Acta, **23**, 651 (1951).
[45] A. F. Devonshire, Phil. Mag., **42**, 1065 (1951). (Имеется русский перевод в сб. «Проблемы современной физики», в. 6, ИЛ, М., 1960.)
[46] Л. П. Холоденко. ЖЭТФ, **31**, 1034 (1956).
[47] W. J. Merz, Phys. Rev., **76**, 1221 (1946).
[48] В. Г. Вакс, А. И. Ларкин, С. А. Пикин. ЖЭТФ, **51**, 361 (1966).
[49] В. Л. Гинзбург. Физика твердого тела, **2**, 2031 (1960).
[50] А. П. Леванюк. Изв. АН СССР. Сер. физ. **29**, 879 (1965).
[51] C. Kittel. Introduction to Solid State Physics, New York 1966.
[52] T. Mitsui, J. Furuichi, Phys. Rev., **90**, 193 (1953).
[53] В. А. Журнов. ЖЭТФ. **35**, 1175 (1958).
[54] Л. А. Шувалов, К. С. Александров, И. С. Желудев. Кристаллография. **4**, 130 (1959).
[55] И. С. Желудев, Л. А. Шувалов. Кристаллография. **1**, 681 (1956).
[56] А. В. Шубников. УФН. **59**, 591 (1956).
[57] И. С. Желудев, Л. А. Шувалов. Изв. АН СССР. Сер. физ. **21**, 264 (1957).
[58] В. А. Копцик. Кристаллография. **5**, 932, (1960).
[59] J. A. Hooton, W. J. Merz, Phys. Rev., **98**, 409 (1955).
[60] P. W. Forsbergh, Phys. Rev., **76**, 1187 (1949).
[61] В. П. Константинова. Кристаллография. **7**, 748 (1962).
[62] C. L. Pearson, W. L. Feldman, Journ. Phys. Chem. Solids, **9**, 28 (1959).
[63] Н. Н. Фомичев, Изв. АН СССР. Сер. физ., **29**, 962 (1965).
[64] С. Д. Тошев. Кристаллография. **8**, 680 (1963).
[64a] M. Safrankova, J. Fousek, J. Kaczer, Proc. Int. Meeting on Ferroelectricity (II), Prag 1966, S. 51.
[65] А. В. Ржанов, ЖЭТФ. **19**, 502 (1949).
[66] E. A. Little, Phys. Rev., **98**, 978 (1955).
[67] V. Janovec, Czech. Journ. Phys., **9**, 468 (1959).
[68] R. Landauer, Journ. Appl. Phys., **28**, 227 (1957).
[69] H. H. Wieder, Journ. Appl. Phys., **28**, 367 (1957).

[70] W. J. MERS, Journ. Appl. Phys., **27**, 938 (1956).
[71] M. E. DROUGARD, R. LANDAUER, Journ Appl. Phys., **30**, 1963, (1959).
[72] R. C. MILLER, A. SAVAGE, Phys. Rev., **115**, 1176 (1959).
[73] Р. МИЛЛЕР. Сб. физика диэлектриков. АН СССР, М., 1960.
[74] A. G. CHYNOWETH, J. L. ABEL, Journ. Appl. Phys., **30**, 1073 (1959).
[74a] G. SCHMIDT, phys. stat. sol. **3**, 1281 (1963).
[75] M. E. DROUGARD, D. K. JOUNG, Phys. Rev., **94**, 1561 (1954).
[76] C. KITTEL, Phys. Rev., **83**, 458 (1951).
[77] R. M. HILL, S. K. ICHIKI, Phys. Rev., **132**, 1603 (1963).
[78] В. М. ПЕТРОВ. Кристаллография. **6**, 632 (1961).
[79] M. E. CASPARI, W. J. MERS, Phys. Rev., **80**, 1082 (1950).
[80] E. J. HUIBREGTSE, W. M. BESSEY, M. E. DROUGARD Journ. Appl. Phys., **30**, 899 (1959).
[80a] G. SCHMIDT, Naturwiss. **45**, 8 (1958).
[80b] G. SCHMIDT, P. PFANNSCHMIDT, phys. stat. sol. **3**, 2215 (1963).
[81] T. IKEDA, Y. TANAKA, H. TOYADA. Jypan. Journ. Appl. Phys., **1**, 13 (1962).
[82] A. E. DEVONSHIRE, Phil. Mag. Suppl., **3**, 85 (1954).
[83] W. KÄNZIG. Ferroelectrics and Antiferroelectrics, Solid State Physics **4**, New York 1957.
[84] И. С. ЖЕЛУДЕВ, Л. А. ШУВАЛОВ. Тр. ин-та Кристаллографии, в. **12**, 59 (1956).
[85] А. В. ШУБНИКОВ. Основы оптической кристаллографии. АН СССР, М., 1958.
[86] E. FATUZZO and W. J. MERZ. Ferroelectricity, Amsterdam 1967.
[87] А. С. СОНИН, Л. Г. ЛОМОВА. Изв. АН СССР. Сер. физ. **29**, 965 (1965).
[88] А. С. СОНИН, Л. Г. ЛОМОВА. Изв. АН СССР. Сер. физ. **31**, 1145 (1967).
[89] В. Л. ИНДЕНБОМ, М. А. ЧЕРНЫШОВА. Кристаллография, **2**, 526 (1957).
[90] О. Г. ВЛОХ, Л. Ф. ЛУЦИВ-ШУМСКИЙ. Кристаллография, **12**, 455 (1967).
[91] А. С. СОНNН, А. С. ВАСИЛЕВСКАЯ. Физика твердого тела. **9**, 1951 (1967).

[92] S. Hoshino, T. Mitsui, F. Jona, R. Pepinsky, Phys. Rev., **107**, 1255 (1957).
[93] Б. А. Струков. Физика твердого тела. **6**, 2862 (1964).
[94] J. Grindlay, Phys. Rev., **5A**, 1603 (1965).
[95] Б. А. Струков. Кристаллография, **11**, 892 (1966).
[96] F. Jona, G. Shirane, R. Pepinsky, Phys. Rev., **98**, 903 (1955).
[97] M. H. Frankombe, B. Lewis, Acta Cryst., **11**, 696 (1958).
[98] Г. А. Смоленский, Н. В. Кожевникова. ДАН СССР, **76**, 519 (1959).
[99] B. T. Mathias, Science, **113**, 591 (1951).
[100] G. Shirane, F. Jona, R. Pepinsky. Proc. IRE, **43**, 1738 (1955).
[101] Ю. Н. Веневцев, Г. С. Жданов, С. П. Соловьвев, Ю. А. Зубов. Кристаллография. **3**, 473 (1958).
[102] H. D. Megaw, Ferroelectric in crystals, London, 1957.
[103] И. Н. Беляев. Изв. АН СССР. Сер. физ. **22**, 1436 (1958).
[104] R. Comès, M. Lambert, A. Guinier, Acta Cryst. **A26**, 244 (1970).
[105] J. C. Slater, Phys. Rev., **78**, 748 (1950). (Имеется перевод в сб. «Проблемы современной физики», в. 6. ИЛ, 1953).
[106] E. T. Jaynes, Ferroelecticity, Prenceton, 1953.
[107] G. Pimentel, A. McClellan. Hydrogen Bond, Freeman 1960.
[108] G. E. Bacon, R. S. Pease, Proc. Roy. Soc., **230 A**, 359 (1955).
[109] S. Hoshino, J. Okaya, R. Pepinsky, Phys, Rev., **115**, 323 (1959).
[110] I. Shibuya, T. Mitsui, Journ. Phys. Soc. Japan **16**, 479 (1961).
[111] В. Н. Мурзин, Р. Е. Пасынков, С. П. Соловьев. УФН, **92**, 427 (1967).
[112] П. Андерсон. Сб. физика диэлектриков, АН СССР, 1960.
[113] Г. С. Жданов. физика твердого тела. МГУ, М., 1961.
[114] E. W. Kellermann, Phil. Trans. Roy. Soc., **238**, 513 (1940).
[115] Г. Фрелих. Теория диэлектриков. ИЛ, М., 1960.
[116] М. Борн, Кунь Хуан. Динамическая теория кристаллической решетки. ИЛ, М., 1958.

[117] B. J. Dick, A. W. Overhauser, Phys. Rev., **112**, 90 (1959).
[118] R. A. Cowley, Phys. Rev., **134**, A 981 (1964).
[119] W. G. Spitzer, R. C. Miller, D. A. Kleinman, L. E. Howarth, Phys. Rev., **126**, 1710 (1962).
[120] В. Н. Мурзині Л. И. Демешина. Физика твердого тела **6**, 182 (1964).

Sachverzeichnis

In der Reihe
WTB Wissenschaftliche Taschenbücher
erschien ferner:

WOLFRAM BRAUER / HANS-WALDEMAR STREITWOLF

Theoretische Grundlagen der Ha terphysik

1973. 100 Seiten — 57 Abbild — 8,— M
Beste

Das ·führung
in d ·ern, wie
z. 1 Elektro-
nen ·ruktur-
bes · elektro-
ma wird die
Str · betrach-
tet. ·ktrischen
Lei der opti-
sch

Ihr ·chenbücher
für ...

AKADEMIE-VERLAG · BERLIN

GPSR Compliance

The European Union's (EU) General Product Safety Regulation (GPSR) is a set of rules that requires consumer products to be safe and our obligations to ensure this.

If you have any concerns about our products, you can contact us on ProductSafety@springernature.com

In case Publisher is established outside the EU, the EU authorized representative is:

Springer Nature Customer Service Center GmbH
Europaplatz 3
69115 Heidelberg, Germany

Batch number: 10577915

Printed by Printforce, the Netherlands